"图说农业"系列

总主编 王龙俊 郭文善 姜 东

陆大雷 王龙俊 等 编著

图说玉米

U0260647

江苏凤凰科学技术出版社 · 南京

国家一级出版社 全国百佳图书出版单位

图书在版编目（CIP）数据

图说玉米 / 陆大雷等编著. 一 南京：江苏凤凰科学技术出版社, 2021.11（2023.6重印）
（“图说农业”系列）
ISBN 978-7-5713-2354-7
Ⅰ. ①图… Ⅱ. ①陆… Ⅲ. ①玉米-图解 Ⅳ. ①S513-64
中国版本图书馆CIP数据核字（2021）第173987号

“图说农业”系列
图说玉米

编　著	陆大雷　王龙俊　等	出版发行	江苏凤凰科学技术出版社
责任编辑	沈燕燕	出版社地址	南京市湖南路1号A楼，邮编：210009
编辑助理	韩沛华	出版社网址	http://www.pspress.cn
装帧设计	焦莽莽	印　刷	南京新世纪联盟印务有限公司
责任校对	仲　敏		
责任监制	刘文洋		

开　本	787mm × 1092mm　1/16	印　数	9 001~11 050
印　张	4	标准书号	ISBN 978-7-5713-2354-7
字　数	100 000	审 图 号	GS（2021）7180号
版　次	2021年11月第1版	定　价	35.00元
印　次	2023年6月第3次印刷		

《图说玉米》**编撰人员**

主　编　陆大雷　王龙俊
副 主 编　李广浩　魏珊珊
编著人员（按姓氏笔画排序）
丁锦峰　王　珏　王龙俊　王国平　王宣山　仇律雯　朱　凤　刘仁梅　李　龙　李广浩　李艳红　杨玉萍　吴嘉点　张　佩　张春良　张琪坚　陆大雷　郁　洁　孟佳佳　赵　斌　胡一凡　袁　超　顾晓天　徐　生　徐　雯　高雪健　郭　剑　黄　梅　蒋　雨　程月琴　傅鹏霄　薛根祥　魏珊珊　魏慧娟　瞿玲玲
图片制作　李广浩　徐　雯
视频制作　李广浩　陆大雷　吴嘉点　王　琳
审　稿　李少昆　陆卫平　袁建华　薛　林　郭文善　姜　东

高度重视科学普及，是习近平总书记一以贯之的思想理念。习近平总书记于2012年9月15日在中国农业大学同首都群众和大学生一起参加全国科普日主场活动时指出："各级党委和政府要坚持把抓科普工作放在与抓科技创新同等重要的位置，支持科协、科研、教育等机构广泛开展科普宣传和教育活动，不断提高我国公民科学素质。"2016年5月30日，习近平总书记在"科技三会"上进一步强调："科技创新、科学普及是实现创新发展的两翼，要把科学普及放在与科技创新同等重要的位置。没有全民科学素质普遍提高，就难以建立起宏大的高素质创新大军，难以实现科技成果快速转化……"

玉米是全球第一大粮食作物，是集粮食、饲料、食品加工和生物能源应用于一身的多元用途作物，被誉为21世纪的"谷中之王"。近30年来，为了满足畜牧业、工业、口粮等日益增长的需要，我国玉米生产发展迅速，其种植面积和单位面积产量增幅远高于其他作物，在国民经济中的地位愈显重要。但我国玉米产业在科研、生产、流通、加工等领域各自为战，相互脱节，缺乏协调等现象较为明显，且特用优质玉米的种植面积、产量、质量、价格不稳定。在整个玉米产业链条中，科研滞后于生产、生产滞后于流通和加工、淀粉加工又滞后于食品加工，这些都制约了玉米产业的发展。

目前，关于玉米育种、栽培、加工和消费等方面的科技书籍非常丰富，但大多以文字为主，可读性、趣味性不足，在高效率、快节奏的当今，难以做到通俗易懂、老少咸宜。因此，编写组在"图说农业"系列总主编的指导下，经多次研讨，按照创新、融合、协同的思路创作《图说玉米》，为玉米产业提供科普趣味读物。本书在编创方法上，用科普的理念力求创新：一是高度集成、包容兼顾。作者团队在对玉米产业相关的科学、技术、产品等知识消化吸收的基础上，进行再创作，以图表结合、图文并茂的独特形式呈现给读者，使本书成为全面反映我国玉米产业的精美图册。二是编排别致、寓学于用。主要按照时序节点对应编排（如玉米生长发育、产量和品质形成以及相关的生产管理技术措施等），或按知识点板块对应编排（如玉米概况、流通、加工、文化、展望等），方便读者阅读、理解、掌握和应用，让外行也能看得懂、学得会。三是小视频观赏。限于篇幅，许多知识点不能详细展开叙述，本书在玉米基础知识、生产管理、市场流通、加工利用等基础上，拍摄制作了 17 个小视频，并以二维码形式放在书中，供读者扫码观看，在不增加支出的基础上，读者可用日趋普及的手机或平板电脑，更详尽、更直观地学习相关知识和技术，扩大知识面、增强直观感，提高本书的易读性和吸引力。

　　本书以产业链的视角，力求将与玉米相关的一二三产业融合，共分为 10 个部分。第 1~4 部分介绍玉米的概况、生长发育、产量与品质形成等基础知识与基本原理，由魏珊珊、王龙俊负责组织相关专家编创并由陆大雷审核汇总；第 5~6 部分介绍玉米生产管理和种植模式，由李广浩负责组织编创；第 7~8 部分介绍玉米流通和加工利用，由王珏负责组织编创；第 9~10 部分凝练玉米文化和展望未来，由陆大雷、王龙俊负责组织编创。陆大雷、王龙俊、李广浩对全书进行了统筹与编创协调。本书适合从事玉米教学、科研、生产、加工、流通、管理等领域的专业技术人员阅读参考；可为广大种田大户科学种植以及市场主体精准采购提供科普培训宣传理念；也可为城乡居民消费者和玉米食品、产品加工者提供借鉴；还可作为农业院校教学及农业农村培训的辅助教材。

　　衷心感谢所有参编人员精心编撰或提供图文、视频资料，感谢江苏省粮食作物现代产业技术协同创新中心、江苏省现代农业产业技术体系、国家一流本科专业建设点（扬州大学农学专业、种子科学与工程专业）及江苏凤凰科学技术出版社的大力支持和帮助。本书还特邀中国农业科学院李少昆研究员、江苏省农业科学院袁建华研究员、江苏沿江地区农业科学研究所薛林研究员、扬州大学陆卫平教授和郭文善教授、南京农业大学姜东教授等专家审阅指导，在此深表谢意！编创过程中，除参考文献附录列出的公开出版物外，还参考了一些其他资料和研究成果，同致谢意！

　　真诚地希望《图说玉米》成为广大读者喜爱的读物！受编著者水平和能力的限制，书中错漏之处在所难免，欢迎广大读者批评指正！

编著者

2021 年 10 月

目录

序号	小视频主题	页码
1	玉米起源与传播	6
2	玉米分类	8
3	玉米生产概况	9
4	我国玉米六大产区	9
5	机械化种肥同播	24
6	玉米的播种技术	25
7	玉米的播种方式	25
8	盘育乳苗移栽	25
9	间苗、定苗	27
10	苗期追肥	28
11	苗期灌溉	30
12	鲜食玉米秸秆还田	39
13	机收玉米	39
14	履带式自走小型玉米收获机	39
15	机收玉米籽粒	39
16	籽粒机收 + 秸秆全量粉碎还田	39
17	玉米贸易与消费利用	45

小视频二维码手机扫码播放说明
（扫码时请注意页面平整，光线充足）

  方法 1：打开微信"扫一扫"→扫描二维码→点击"继续访问"→点击播放箭头▶

  方法 2：打开手机任意浏览器（如 UC 浏览器）→点击右上方搜索框中"相机"图标→扫描二维码→点击播放箭头▶

1 玉米概况

玉米起源与传播

　　玉米又名玉蜀黍、苞米等，是禾本科玉蜀黍属一年生草本植物。玉米是雌雄同株异花植物，植株高大、茎秆粗壮，是全世界重要的粮食作物、饲料作物、工业原料作物和能源作物，其种植面积仅次于小麦，总产居世界首位。如果说欧洲文明是小麦文明，亚洲文明是稻米文明，那么拉丁美洲文明则是玉米文明。中美洲是玉米的发源地，考古研究发现，早在1万多年前，这里就有了野生玉米，而印第安人种植玉米的历史也有3 500年。人们根据考古学证据追溯玉米起源并提出了许多假说，比如：有稃野生玉米起源假说、"共同起源（祖先）"假说、"三成分起源"假说、大刍草直向进化起源假说、摩擦禾–二倍体多年生大刍草起源假说等。

　　其中，最经典的假说是由 Eubanks 在 1995 年提出的摩擦禾–二倍体多年生大刍草起源假说。该理论认为玉米是摩擦禾与二倍体多年生大刍草的杂交后代。这个理论来源于摩擦禾与二倍体多年生大刍草杂交产生的 *Tripsacorn* (2n=20) 和 *Sundance* (2n=20) 的杂交种，这些杂交后代的果穗穗轴上具有裸露籽粒。

玉米植株进化图

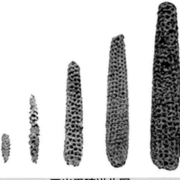

玉米果穗进化图

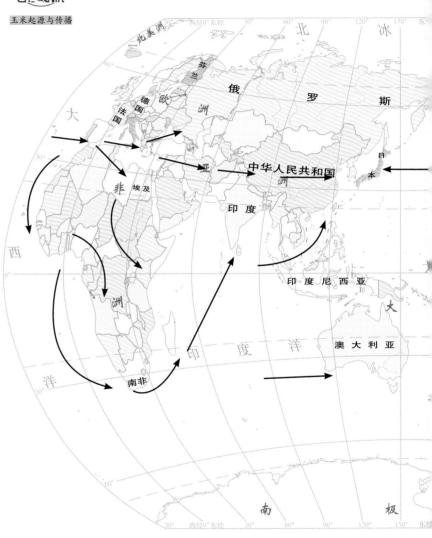

玉米起源地和传播路线示意图

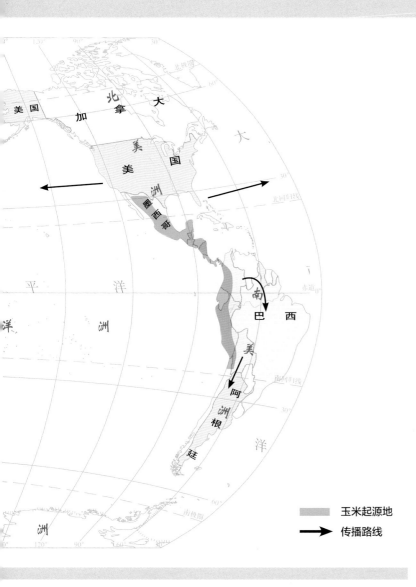

图例：
- 玉米起源地
- → 传播路线

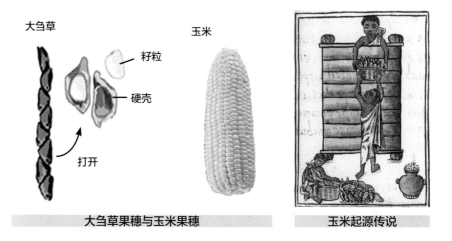

大刍草

打开

籽粒

硬壳

玉米

大刍草果穗与玉米果穗

玉米起源传说

　　总结有关玉米起源的所有假说，大刍草都在其中起到重要作用。虽然大刍草看上去与玉米毫无关系，其籽粒看上去与玉米籽粒更是毫不相干，但这两种植物在基因层面却惊人地相似。它们拥有相同数量的染色体，基因的位置也非常相似。事实上，大刍草能够与现代玉米杂交，其杂交后代也能够自然繁殖。

　　1493 年，哥伦布把玉米从美洲带回西班牙。此后，玉米开始在欧洲被广泛种植。16 世纪初，伴随各国商业往来，玉米从欧洲传入非洲北部突尼斯、埃及、埃塞俄比亚、苏丹等国家。其后，随着海上贸易发展，玉米传入非洲南部的许多国家。大约 16 世纪 30 年代（我国明朝中后期），玉米一路通过陆路传播到了土耳其、伊朗、阿富汗；另一路通过东方航线传播至印度和东南亚各国，再经东南亚传入中国和澳大利亚。18 世纪末 19 世纪初，玉米开始在我国大面积种植，鸦片战争前种植面积已居杂粮之首。清朝晚期至民国时期玉米成为仅次于水稻和小麦的第三大粮食作物。目前，无论是中国还是全世界，玉米都占据粮食作物产量榜首。

1 玉米概况

玉米按籽粒形态和胚乳结构可分为硬粒型、马齿型、半马齿型、甜粉型、粉质型、甜质型、蜡质型、爆裂型和有稃型9种类型。

硬粒型

◎ **硬粒型** 籽粒圆形，外表半透明有光泽、坚硬饱满。顶部及四周胚乳都为角质，仅中心近胚部胚乳为粉质，食味品质优良。粒色多为黄色。

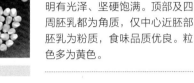

马齿型

◎ **马齿型** 籽粒长、大、扁平，籽粒两侧胚乳为角质，中央和顶部胚乳为粉质。成熟时籽粒顶部凹陷成马齿状，一般粉质淀粉含量越高，凹陷越深。它是我国及世界上栽培最多的类型，食用品质较差。适宜制造淀粉、酒精或作饲料。

半马齿型

◎ **半马齿型** 是马齿型与硬粒型的中间型。植株、果穗的大小，籽粒形态和胚乳质地介于马齿型与硬粒型之间。顶部的凹陷较马齿型浅或无，品质较马齿型好。

◎ **甜粉型** 籽粒上半部是角质胚乳，下半部是粉质胚乳，籽粒顶部微尖而皱缩。

◎ **粉质型** 又称软粒型。籽粒外形与硬粒型相似，但胚乳几乎全为粉质或仅在外层有一层很薄的角质，组织松软，无光泽，易磨粉。

粉质型

1.2 玉米分类

甜质型

◎ **甜质型** 乳熟期既可以蒸煮后直接食用，又可以制成各种风味的罐头、加工食品和冷冻食品。成熟时表面皱缩，半透明，含糖量是普通玉米的2~10倍。

蜡质型

◎ **蜡质型** 也称糯质型，其胚乳淀粉几乎全由支链淀粉组成。籽粒形状似硬粒型，但表面无光泽，不透明。这种玉米具有较高的黏滞性及适口性，可以鲜食或制罐头，其淀粉具有高黏度、低回生、高稳定性等特性。

爆裂型

◎ **爆裂型** 是爆玉米花的专用品种。每株玉米结穗较多，但果穗与籽粒均较小，籽粒有米粒型和珍珠型两种类型。其突出特点是籽粒角质胚乳含量高，且含水量适当时常压加热易爆裂。

玉米分类

有稃型

◎ **有稃型** 籽粒被较长的颖壳包住。籽粒坚硬，脱粒极难，为原始类型。

株型

平展型　　紧凑型

籽粒颜色

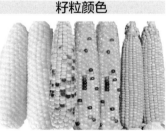

白粒型　　杂色型　　黄粒型

种植时间（以江苏为例）

春玉米播种
3月底至4月初
（土壤温度 ≥ 10 ℃）

夏玉米播种
6月上旬至7月上旬

秋玉米播种
7月中旬至8月中旬

生育期（以江苏为例）项目	早熟品种	中熟品种	晚熟品种
≥ 10 ℃积温 /℃	2 000~2 200	2 300~2 500	2 600~2 800
总叶数	14~17	18~21	22~25
春播生育期 / 天	90~100	100~130	130~150
夏播生育期 / 天	70~80	85~100	>100
千粒重 / 克	150~200	200~300	300
产量潜力	低	中	高

1.3 玉米生产概况

玉米生产概况

玉米是三大粮食作物之一。2000—2020年，全球玉米产量呈现稳步增长态势，年均增长率3.4%，2020年全球玉米产量为11.36亿吨，较2000年增长近1倍。全球玉米产量大幅增长主要是各玉米生产国产量增加所致，中美两国产量大幅增加是全球玉米产量大幅增长的主要驱动力。

我国玉米种植分布

项目	北方春播玉米区	黄淮海夏播玉米区	西南山地玉米区	南方丘陵玉米区	西北灌溉玉米区	青藏高原玉米区
省（区/市）	黑龙江、吉林、辽宁、内蒙古、宁夏全部，河北、陕西北部、山西大部及甘肃部分地区。约占全国玉米种植面积的40%	山东、河南全部，北京、天津，河北、山西南部，陕西中部，江苏、安徽北部。约占全国玉米种植面积的32%	四川、云南、贵州全部，湖南、湖北、广西西部，陕西南部及甘肃部分地区。约占全国玉米种植面积的20%	广东、福建、浙江、上海、江西、海南、台湾、江苏、安徽南部，广西、湖南、湖北东部。约占全国玉米种植面积的5%	新疆以及甘肃河西走廊。约占全国玉米种植面积的3%	青海和西藏全区。在我国玉米种植面积中占比不足1%
主要种植制度和栽培方式	春播一年一熟制，以玉米单作、玉米间作大豆、春小麦套种玉米为主	一年两熟（冬小麦—夏玉米），两年三熟（春玉米—冬小麦—夏玉米），采用小麦玉米套种或复种	高山：一年一熟春玉米；丘陵：两年五熟春玉米或一年两熟夏玉米。采用春玉米、马铃薯套种、小麦、玉米、甘薯、水稻套种	一年两熟制为主，部分地区有秋玉米，双季玉米和双季水稻、小麦、玉米间作套种，双季玉米或多熟制复种玉米的栽培方式	一年一熟春玉米单作，或冬小麦套种或复种玉米	一年一熟制春玉米单作
气候特征	寒湿、半湿润	暖湿、半干半湿	温暖、亚热、湿	亚热、湿	温、极干	高寒、干
≥10℃积温/℃	2 000~3 600	3 600~4 700	4 700~5 500	4 500~9 000	2 500~2 600	<2 500
无霜期/天	130~170	170~220	200~300	250~365	130~180	110~130

2015—2019年全国玉米平均播种面积6.45亿亩，总产2.61亿吨。其中，春玉米主产区（黑、吉、辽、蒙）播种面积和产量分别为2.58亿亩、1.15亿吨，占全国的比例分别为40%和44%；夏玉米主产区（鲁、豫、冀）分别为1.73亿亩、0.68亿吨，占全国的比例分别为27%和26%。从单产来看，以新疆最高（559千克/亩），其次是吉林（490千克/亩）。

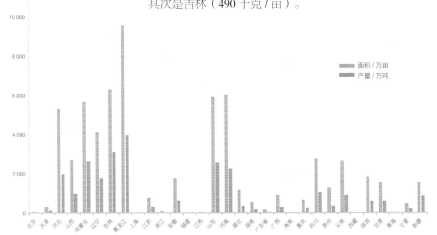

2015—2019年我国各省（直辖市、自治区）玉米播种面积和产量情况

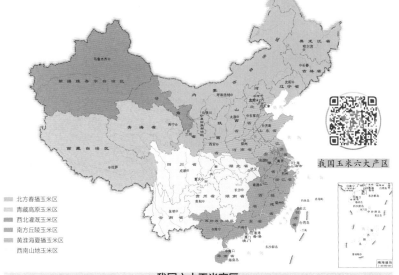

我国玉米六大产区

我国六大玉米产区

我国地域辽阔，玉米产区分布广泛，可分为北方春播玉米区、黄淮海夏播玉米区、西北灌溉玉米区、西南山地玉米区、南方丘陵玉米区和青藏高原玉米区六大区域。其中，北方春播玉米区是我国最大的玉米产区，种植面积约占全国的40%，总产量占全国的45%；黄淮海夏播玉米区是我国玉米第二大产区，常年种植面积占全国的32%左右，总产量占全国的40%左右。

2.1 生育时期与器官建成

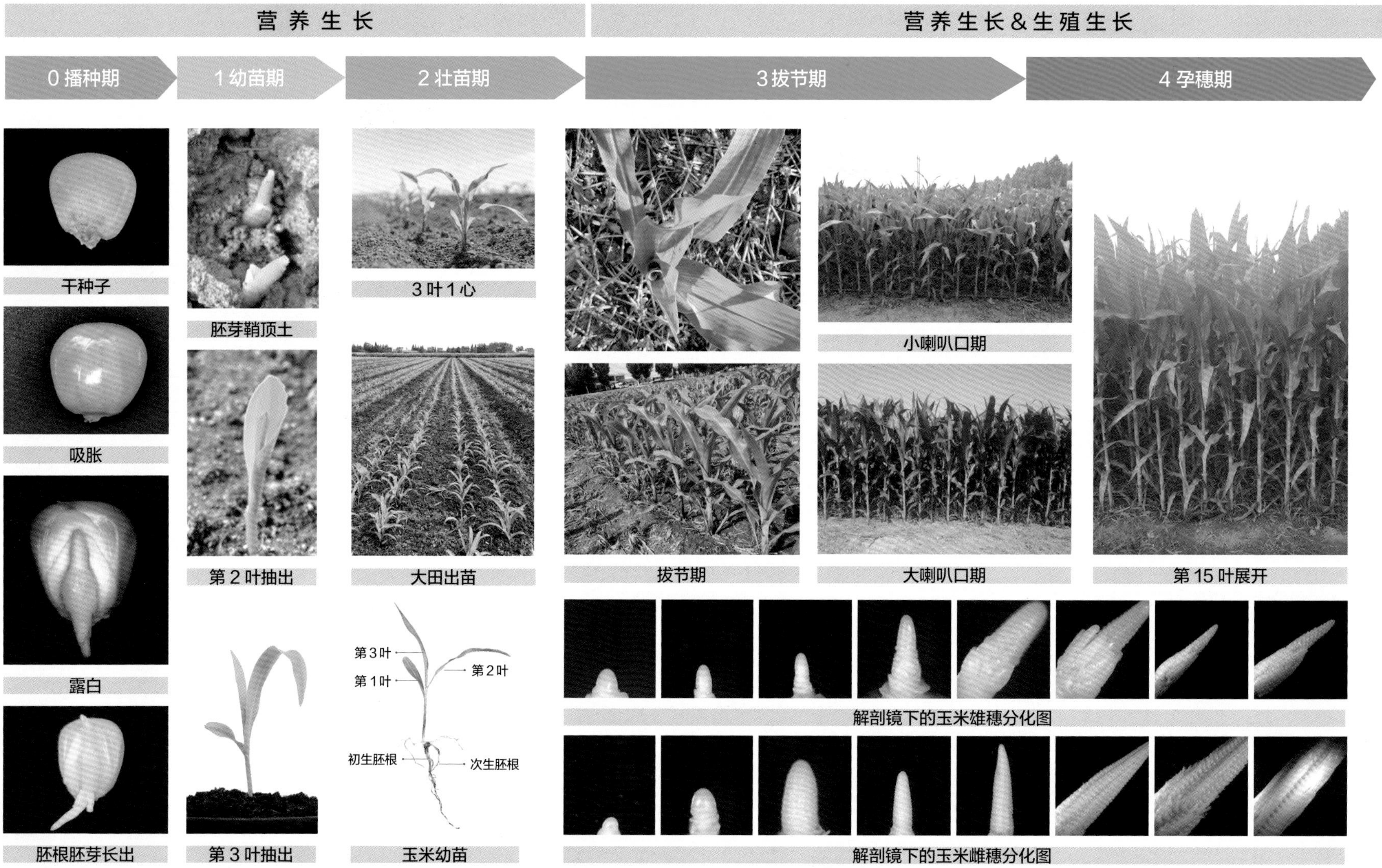
营 养 生 长
营 养 生 长 & 生 殖 生 长
0 播种期
1 幼苗期
2 壮苗期
3 拔节期
4 孕穗期
干种子
吸胀
露白
胚根胚芽长出
胚芽鞘顶土
第 2 叶抽出
第 3 叶抽出
3 叶 1 心
大田出苗
第 3 叶
第 1 叶
第 2 叶
初生胚根
次生胚根
玉米幼苗
拔节期
小喇叭口期
大喇叭口期
第 15 叶展开
解剖镜下的玉米雄穗分化图
解剖镜下的玉米雌穗分化图

生 殖 生 长

| 5 抽雄期 | 6 开花吐丝期 | 7 籽粒形成期 | 8 籽粒灌浆充实期 | 9 成熟期 |

雄穗抽出

大田散粉

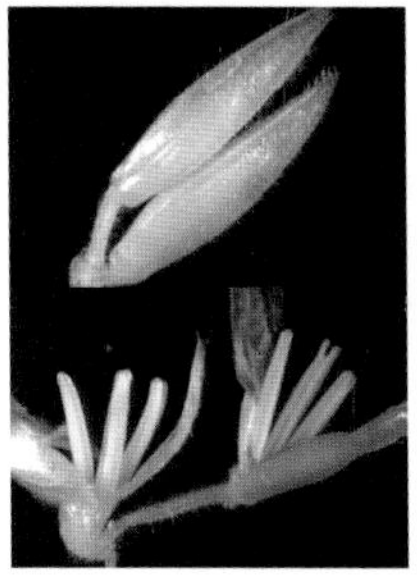

雄穗小花

雌穗花丝

乳熟期果穗

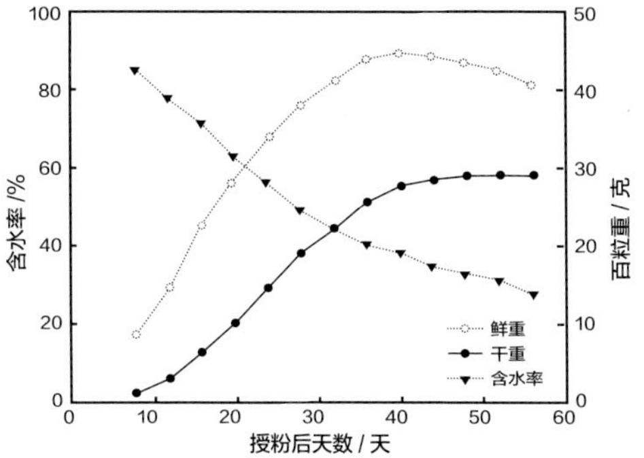

授粉后玉米籽粒鲜重、干重及含水率变化

成熟期植株

成熟期果穗

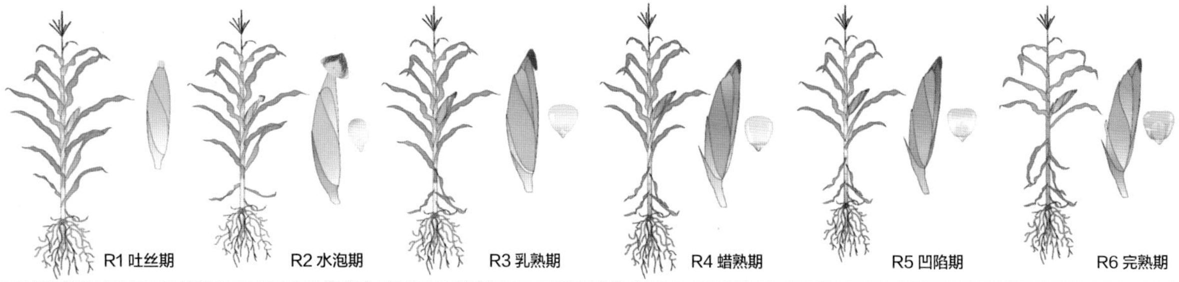

大田抽雄

大田吐丝

R1 吐丝期　R2 水泡期　R3 乳熟期　R4 蜡熟期　R5 凹陷期　R6 完熟期

生殖生长阶段不同时期植株及果穗、籽粒示意图

（图：含水率/%，百粒重/克，授粉后天数/天，鲜重、干重、含水率）

0 播种期	1 幼苗期	2 壮苗期	3 拔节期	4 孕穗期

	长根、长叶			根、茎、叶生长，
	确定群体基本密度		形成潜在每穗粒数	
			构建高效群体	

关键生育时期	齐苗期（播种期—第1张毛叶抽出）	壮苗期（第1张毛叶抽出一拔节期）	壮秆期（拔节期—大喇叭口期）	孕穗期
生长特点 — 地上部	胚叶（光叶）叶片小，茸毛少，光合作用弱。	毛叶开始生长，叶片增大，逐渐取代光叶成为主要功能叶。茎生长主要表现为节数增加，基部节间由缩茎节间组成，茎高度小于1厘米。	拔节期后所有植株部位均已呈现。叶片面积逐渐增大；基部节间开始伸长，茎的增高主要受伸长节间影响。雄穗开始分化，胚叶开始退化。	
生长特点 — 地下部	出苗期（第1张真叶展开）种子根（初生胚根和次生胚根）发育完全，根系弱；随后节根逐渐开始发育。	节根开始生长且以水平伸展为主。	节根成为最主要的功能根，次生根和侧根开始大量形成。	
营养物质主要流向	根系		茎秆	雌、雄穗，
管理目标	苗全、苗齐、苗匀、苗壮			促秆壮穗；达到穗大
管理要点	1.防治地下害虫。2.春玉米防低温，夏玉米防芽涝，干旱易导致出苗不整齐。3.播后苗前封闭或苗期化除需注意除草剂药害。4.注意查苗补苗、间苗定苗。5.根据长势长相补施苗肥促平衡。		1.中耕培土，促进气生根发育。2.追施肥料，保证充足养分供应。3.田间管理做到能灌能排，5.防治玉米螟以及其他病虫害。	

苗　　期　　　　　　　　　　　　　　　　　　　　　　　　　　　　穗

种子　　　　发芽

出土

3叶1心

拔节期　　　　　　大喇叭口期

5 抽雄期	6 开花吐丝期	7 籽粒形成期	8 籽粒灌浆充实期	9 成熟期

雌、雄穗分化发育

形成有效群体密度

小花分化结束

开始构建库容

籽粒形成、灌浆充实

决定果穗实际粒数

决定粒重

（大喇叭口期—吐丝期） **籽粒形成期（吐丝期—水泡期）** **籽粒灌浆成熟期（水泡期—成熟期）**

雌穗开始分化发育，到吐丝期顶端生长停止，穗粒数基本确定。是整个生育期生长发育最快的阶段，对养分、水分需求量最大。

营养生长停止，以果穗、籽粒发育为主。此阶段形成胚的各个组成部分，胚乳细胞授粉后7天左右开始分化发育，以淀粉粒数量增多为主，干物质重量仅占最终总重量的8%~10%。

叶片逐渐衰老，籽粒快速增重，在成熟期达最大，苞叶枯松、乳线消失、黑层出现为籽粒成熟标志。

根系的直线增长期，气生根分化发育，并支持中上部叶片生长，固定植株，防止倒伏，到吐丝期停止发根。

根系稳定期，延长功能期有利于保持较高的根系活力，延缓衰老。

根系逐渐衰老，活力降低。

茎秆

果穗、籽粒

穗多的目的

防止茎叶早衰，增加叶片光合强度，促进灌浆，争取粒多粒重

防止"卡脖子旱"。4.喷施生长调节剂，协调营养和生殖生长。

1.适时浇水，保证水分供应充足。2.补施花粒肥，延长叶片功能期，防止早衰。3.高温干旱或其他逆境时，利用无人机辅助授粉，增加穗粒数。4.防止倒伏倒折。5.防治后期病虫害。6.在不影响后茬作物播种的前提下适时晚收，延长灌浆时间，增加粒重。

期　　　　　　　　　　　　　　　　　　　粒　　　　期

抽雄期　　雌穗　　吐丝期　　乳熟期　　成熟期　　成熟果穗

3.1 产量构成

玉米单位面积上的籽粒产量由单位面积有效穗数、每穗粒数和粒重构成。理论产量的计算公式是：

$$产量（千克/亩） = \frac{每亩有效穗数 \times 每穗粒数 \times 千粒重（克）}{1 \times 10^{6}}$$

◎ 单位面积穗数

玉米不能产生有效分蘖，单位面积穗数主要取决于种植密度。在一定种植密度范围内，单位面积有效穗数与密度正相关。当密度增加到一定程度后，有效穗数增加幅度逐渐降低，空秆率明显增加。与水稻、小麦相比，玉米单株穗数的调节能力较低，一般每株只有一个果穗，遇逆境会出现大量空株。因此，培育耐密植的品种，通过合理密植增加单位面积有效穗数，对提高玉米产量具有重要作用。

◎ 每穗粒数

玉米每穗粒数差别较大，对产量的影响较大。每穗结实粒数与分化的小花数有关，而每穗分化的小花数由品种特性和环境条件共同决定。决定每穗粒数的临界期在吐丝前后各 15 天的时期内（具体时间因品种不同而有差异）。吐丝前，雌穗进入性器官形成期以后，雌穗顶端的一些小花常退化成发育不完全的败育小花。高密度种植下败育的小花数显著多于低密度的情况。吐丝期如遇养分不足、阴雨寡照、水分胁迫、极端温度等恶劣环境条件，会造成部分小花（特别是果穗顶端的小花）花丝不能抽出或抽出过晚，导致授粉困难，致使籽粒数大量减少。

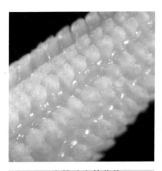

玉米雌穗小花分化

低密度 中密度 高密度

不同密度下玉米果穗

◎ 粒重

不同玉米品种粒重差异显著，但同一品种的玉米粒重变化幅度较小。玉米受精后胚和胚乳细胞数目的增加、体积的增大和胚乳细胞干物质的积累都会影响玉米籽粒的最终粒重。籽粒形成期和灌浆充实期分别是影响粒重的基础时期和决定时期。灌浆期间的光照时间、温度和水肥供应等对粒重都有很大影响，加强后期栽培管理是增加粒重的重要措施。

从物质生产的角度来看，玉米籽粒产量的形成必须经过 3 个过程：

第一，通过叶片光合作用制造光合产物。形成产量的物质来"源"要足。

- ◆ 叶片光合产物以及根系从土壤吸收的养分
- ◆ 源（生物产量）= 光合速率 × 光合面积 × 光合时间 – 呼吸消耗
- ◆ 源决定了最大产量潜力

第二，要求运转系统能将光合产物运输给籽粒。"流"要畅。

- ◆ 流对应茎秆等组织中的维管组织，将源营养输送到库中
- ◆ 流"畅"是高产的重要前提

第三，要有能够容纳光合产物的籽粒。储藏物质的"库"要大。

- ◆ 库主要指籽粒，库容大小决定了最终的产量水平
- ◆ 库容可用产量构成因素（单位面积穗数 × 每穗粒数 × 粒重）来表示
- ◆ 从光合性能角度，籽粒产量（库）= 生物产量（源）× 收获指数

任何过程受阻，都会限制籽粒产量的形成。

◆ 与水稻、小麦等 C_3 植物不同，玉米属于 C_4 植物，具有光合速率高、失水率低、二氧化碳补偿点低和光呼吸消耗少等 4 个重要特征。C_4 植物在光合作用碳同化的过程中多了将二氧化碳转化为四碳化合物的步骤，对二氧化碳的固定效率要比 C_3 植物高得多。

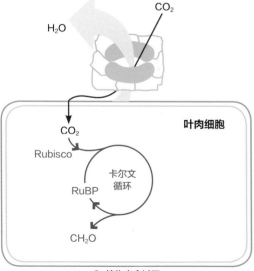

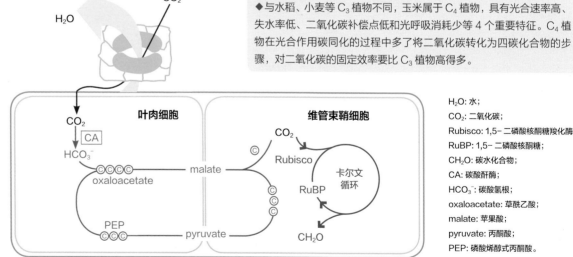

H_2O: 水；
CO_2: 二氧化碳；
Rubisco: 1,5- 二磷酸核酮糖羧化酶；
RuBP: 1,5- 二磷酸核酮糖；
CH_2O: 碳水化合物；
CA: 碳酸酐酶；
HCO_3^-: 碳酸氢根；
oxaloacetate: 草酰乙酸；
malate: 苹果酸；
pyruvate: 丙酮酸；
PEP: 磷酸烯醇式丙酮酸。

C_3 和 C_4 植物光合过程简图

苗期

玉米养分需求一般按 100 千克籽粒需肥量计算。每 100 千克产量对氮、磷、钾需求量分别是 1.9~4.2 千克、0.5~1.6 千克、1.4~3.5 千克。氮肥分为基肥和追肥；磷肥、钾肥正常情况下一次性基施。

氮 —— 氮是玉米生长过程中需求最多的营养元素，氮素供应充足可有效促进植株新陈代谢，提高光合作用，增加物质积累。

玉米磷素营养临界期在 3 叶期，一般是种子营养转向土壤营养的时期。

磷 —— 虽然玉米对磷的需求量不是很大，但由于土壤中的有效磷含量一般较低，所以必须重视磷肥施用。磷肥充足可提高玉米色泽和品质，促进早熟。

玉米营养最大效率期在大喇叭口期，这是养分吸收最快最多的时期。这期间玉米需要养分的绝对量和相对量均为最大，吸收速度也最快，此时施用适量肥料，增产效果最明显。

钾 —— 钾充足可有效提高植株体内淀粉、蔗糖、纤维素的含量，增强植株的抗病能力。玉米开花后需钾量很少。

播种期—3 叶期	3 叶期—拔节期	拔节期—小喇叭口期	小喇叭口期—大喇叭口期

0 播种期	1 幼苗期	2 壮苗期	3 拔节期

00 干种子（播种）；
01 种子开始吸水膨胀；
03 湿种子膨胀结束；
05 胚根伸出种子；
07 胚芽鞘伸出种子；
09 芽鞘顶土、叶片叶尖可见。

00   05

07

09

10 【出苗期】第 1 叶抽出芽鞘 2 厘米；
11 【1 叶期】第 1 叶抽出；
12 【2 叶期】第 2 叶抽出；
13 【3 叶期（离乳期）】第 3 叶抽出；
……

10   11

13   15/23

21 第 1 叶平展；
22 第 2 叶平展；
23 第 3 叶平展，见展叶差 2~3；
……
如果拔节开始，则按 31 计。

21   17/32

31 植株基部第 1 节间伸长 2 厘米，6~8 叶展开，见展叶差 3~4，雄穗生长锥开始伸长
32 【小喇叭口期】50% 植株基部第 2 节间伸长 2 厘米，7~9 叶展开，见展叶差 4~5，雌穗生长锥开始伸长，雄穗小花开始分化

32   34

穗期

粒期

从抽雄前 10 天到吐丝后 25 天左右是玉米干物质积累最快、吸肥最多的阶段，这个阶段会吸收总吸肥量 70%~75% 的氮、60%~70% 的磷和 65% 左右的钾。

合理的粒肥运筹可有效增强玉米生长后期叶片的光合作用，防止叶片和根系早衰，可显著增加籽粒重量。

从开花期开始植株吸收钾素较少，有时因养分外渗和淋失，植株体内钾素总量甚至稍有降低。籽粒中钾素多由叶片和茎秆转运而来。

铁 镁 钙 锌 锰 钼 氮 磷 钾 硼

最小养分定律（木桶理论）：由德国化学家李比希提出，他认为：作物的生长量或产量受环境中最缺少的养分（最小养分）的限制，并随之增减而增减，也称为限制因子定律。

最小养分不足时，不但会限制作物的生长，同时也将限制其他处于良好状态下的养分发挥作用。

正常

缺氮

缺磷

缺钾

大喇叭口期—开花吐丝期	开花吐丝期—籽粒形成期	籽粒形成期—成熟期

4 孕穗期	5 抽雄期	6 开花吐丝期	7 籽粒形成期	8 籽粒灌浆充实期	9 成熟期

4 孕穗期

41【大喇叭口期】10% 植株棒三叶（果穗叶及其上、下叶）抽出，11~13 叶开，见展叶差 5~6，雌穗小花开始分化；

45 50% 植株棒三叶抽出。

5 抽雄期

51 10% 植株顶部雄穗露出叶鞘；

53【抽雄】50% 植株雄穗主轴从顶叶露出 3~5 厘米；

55 50% 植株雄穗抽出一半，中部开始散开；

59 雄穗全部抽出并散开。

6 开花吐丝期

61 雄穗中部小穗散粉，雌穗花丝露出苞叶；

63 雄穗中部小穗开花，雌穗花丝伸出苞叶 2 厘米；

65 雄穗上、下部小穗开花，雌穗花丝全部抽出；

67 雄穗小穗全部开花，雌穗花丝变干；

69 花丝变焦。

7 籽粒形成期

71 籽粒呈水泡状；

75 籽粒呈圆形胶囊状，内含物（即胚乳）呈清浆状；

79 籽粒体积和鲜重达到最终一半，内含物呈乳状。

8 籽粒灌浆充实期

83 籽粒内含物呈稠糊状；

85 几乎所有籽粒达到最大体积；

87 籽粒内含物呈软面团状，用指甲压后变形（鲜食玉米最佳收获期）；

89 籽粒内含物渐变为软面状，指甲可划破表皮。

9 成熟期

92【蜡熟末期】籽粒脱水变硬，由软蜡状变为硬蜡状；

93【完熟期（最佳收获期）】灌浆结束，籽粒干硬、基部呈黑色；

97【枯熟期】籽粒很硬，全田植株几乎全部枯死；

99 后熟处理，储藏及种子处理（回到 00）。

4 玉米籽粒品质

4.1 品质指标

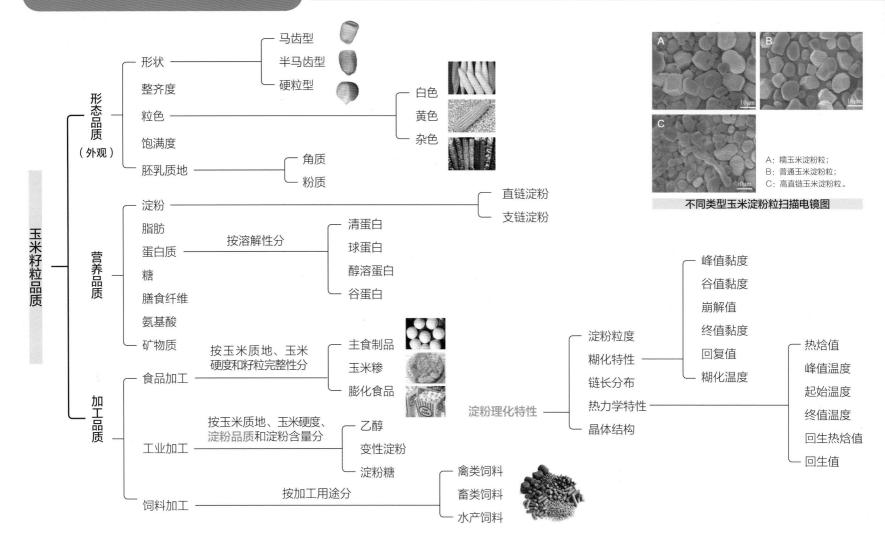

玉米籽粒品质

- 形态品质（外观）
  - 形状
    - 马齿型
    - 半马齿型
    - 硬粒型
  - 整齐度
  - 粒色
    - 白色
    - 黄色
    - 杂色
  - 饱满度
  - 胚乳质地
    - 角质
    - 粉质
- 营养品质
  - 淀粉
    - 直链淀粉
    - 支链淀粉
  - 脂肪
  - 蛋白质 —— 按溶解性分
    - 清蛋白
    - 球蛋白
    - 醇溶蛋白
    - 谷蛋白
  - 糖
  - 膳食纤维
  - 氨基酸
  - 矿物质
- 加工品质
  - 食品加工 —— 按玉米质地、玉米硬度和籽粒完整性分
    - 主食制品
    - 玉米糁
    - 膨化食品
  - 工业加工 —— 按玉米质地、玉米硬度、淀粉品质和淀粉含量分
    - 乙醇
    - 变性淀粉
    - 淀粉糖
  - 饲料加工 —— 按加工用途分
    - 禽类饲料
    - 畜类饲料
    - 水产饲料

淀粉理化特性
- 淀粉粒度
- 糊化特性
  - 峰值黏度
  - 谷值黏度
  - 崩解值
  - 终值黏度
  - 回复值
  - 糊化温度
- 链长分布
- 热力学特性
  - 热焓值
  - 峰值温度
  - 起始温度
  - 终值温度
  - 回生热焓值
  - 回生值
- 晶体结构

A: 糯玉米淀粉粒;
B: 普通玉米淀粉粒;
C: 高直链玉米淀粉粒。

不同类型玉米淀粉粒扫描电镜图

玉米籽粒品质的分类指标

玉米质量指标

等级	容重 /（克 / 升）	不完善粒含量 /%	霉变粒含量 /%	杂质含量 /%	水分含量 /%	色泽、气味
1	≥ 720	≤ 4.0				
2	≥ 690	≤ 6.0				
3	≥ 660	≤ 8.0	≤ 2.0	≤ 1.0	≤ 14.0	正常
4	≥ 630	≤ 10.0				
5	≥ 600	≤ 15.0				
等外	< 600	—				

中华人民共和国国家标准
GB 1353—2018

注："—"为不要求。

饲料用玉米等级质量指标

中华人民共和国国家标准
GB/T 17890—2008

等级	容重 /（克 / 升）	不完善粒含量 /%	脂肪酸值（干基）（以 KOH 计）/（毫克 /100 克）	霉变粒含量 /%	杂质含量 /%	粗蛋白质（干基）/%	水分含量 /%	色泽、气味
一级	≥ 710	≤ 5.0	≤ 60					
二级	≥ 685	≤ 6.5	—	≤ 2.0	≤ 1.0	≥ 8	≤ 14.0	正常
三级	≥ 660	≤ 8.0						

玉米粉质量要求

中华人民共和国国家标准
GB/T 10463—2008

项目		类别	
		脱胚玉米粉	全玉米粉
粗脂肪含量（干基）/%	≤	2.0	5.0
粗细度		全部通过 CQ10 号筛	
脂肪酸值（干基）（以 KOH 计）/（毫克 /100 克）	≤	60	80
灰分含量（干基）/%	≤	1.0	3.0
含砂量 /%	≤	0.02	
磁性金属物 /（克 / 千克）	≤	0.003	
水分含量 /%	≤	14.5	
色泽、气味、口味		玉米粉固有的色泽、气味、口味	

玉米品种——种类繁多、特性各异

粒用玉米

青贮玉米

鲜食玉米

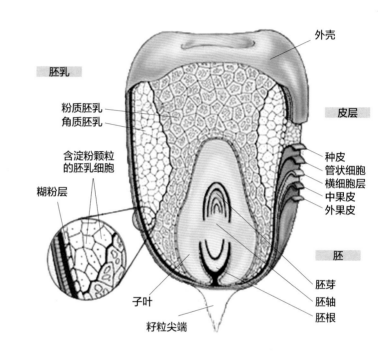

外壳

胚乳

粉质胚乳
角质胚乳

含淀粉颗粒
的胚乳细胞

糊粉层

皮层

种皮
管状细胞
横细胞层
中果皮
外果皮

胚

胚芽
胚轴
胚根

子叶

籽粒尖端

玉米籽粒主要由皮层、胚和胚乳组成

皮层
包括由子房壁形成的果皮和由珠被形成的种皮。皮层无色，表面光滑，占粒重的 6%～8%。

胚
由胚芽、胚轴、胚根和子叶（盾片）组成，占粒重的 10%～15%。

胚乳
位于种皮内部，最外层为单层细胞，是富含蛋白质的糊粉粒，又称糊粉层。糊粉层内的胚乳又分为粉质和角质，占粒重的 80%～85%。

籽粒形成： 完成受精后，玉米子房需要经过 40~50 天的生长发育，增长约 1 400 倍而形成籽粒。胚和胚乳完成发育和养分积累需 35~40 天，其余的时间用于失水干燥和成熟，最终形成种子。

籽粒发育动态

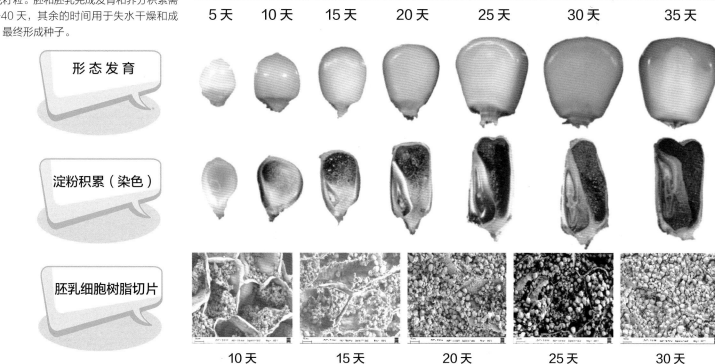

授粉后天数

形态发育

淀粉积累（染色）

胚乳细胞树脂切片

随着籽粒的发育，胚乳中淀粉粒数量增加、体积增大，淀粉含量逐渐增多。

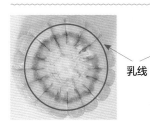

乳线

乳线

成熟标志： 乳线消失是玉米籽粒完全成熟的标志。所谓"乳线"实际上就是籽粒中淀粉、蛋白质等固体和乳浆的交界面，从外表来看，像一条线横贯籽粒，是在籽粒生长发育过程中出现的，并且随着籽粒的生长发育而缓慢地向籽粒基部移动，最后在籽粒成熟时消失。

黑层

玉米籽粒的乳线和黑层

4 玉米籽粒品质

玉米是谷物籽粒中可利用能量最高的，其代谢能为 14.06 兆焦/千克，高者可达 15.06 兆焦/千克，这是因为玉米粗纤维含量少（仅 2%），无氮浸出物高（72%），且玉米中淀粉含量多，消化率高；另外，玉米含有较多脂肪，为 4% 左右，是小麦等麦类籽粒的 2 倍。一般来说，玉米秸秆也是优质饲料。玉米饲料占猪饲料组成的 70% 以上、养殖成本的 40% 以上。

中华人民共和国
农业行业标准
NY/T 523—2020

专用籽粒玉米质量指标

专用籽粒玉米类型		容重/（克/升）	杂质/%	水分/%	不完善粒/%	霉变粒/%	色泽、气味	其他	
高淀粉玉米		≥ 690	≤ 1.0	≤ 14.0	≤ 6.0	≤ 2.0	正常	淀粉（干基）≥ 75.0%	
优质蛋白玉米		≥ 690	≤ 1.0	≤ 14.0	≤ 6.0	≤ 2.0	正常	蛋白质（干基）≥ 8.0%，赖氨酸（干基）≥ 0.4%	
高蛋白玉米		≥ 720	≤ 1.0	≤ 14.0	≤ 6.0	≤ 2.0	正常	蛋白质（干基）≥ 12.0%	
高油玉米		≥ 690	≤ 1.0	≤ 14.0	≤ 6.0	≤ 2.0	正常	脂肪（干基）≥ 7.5%	
籽粒糯玉米等级	一	≥ 660	≤ 1.0	≤ 14.0	≤ 6.0	≤ 2.0	正常	直链淀粉（占淀粉总量）/%	0
	二								≤ 1.0
	三								≤ 2.0

爆裂玉米质量指标

等级	膨爆倍数			爆花率/%	水分/%	不完善粒/%	霉变粒/%	杂质/%	色泽、气味
	蝶形	球形	混合形						
一	≥ 35	≥ 25	≥ 30	≥ 93	11.0~14.0	≤ 6.0	不得检出	≤ 0.5	正常
二	30~35	22~25	25~30	90~93					
三	25~30	19~22	20~25	87~90					

鲜食甜玉米质量指标

等级	品质评分	可溶性糖（鲜样）/%
一	≥ 90	
二	85~90	≥ 6.0
三	80~85	

鲜食糯玉米质量指标

等级	品质评分	直链淀粉（占淀粉总量）/%
一	≥ 90	
二	85~90	≤ 5.00
三	80~85	

鲜食甜加糯玉米质量指标

等级	品质评分	直链淀粉（占淀粉总量）/%
一	≥ 90	
二	85~90	≤ 10.0
三	80~85	

质量指标检验样品需在适宜采收期内，品质评分需在采样后 6 小时内完成。

青贮玉米品系的饲料总能量与产奶量

品种	干物质产量 /（千克 / 亩）	总能量产量 /（兆焦 / 亩）	能量产量增减幅度 /%	产奶量 /（千克 / 吨干物质）	单位重量干物质产奶量增减幅度 /%	单位面积产奶量 /（千克 / 亩）	单位面积产奶量增减幅度 /%
山农饲玉 7 号	1 847.6	233.1	29.7	1 589.8	6.3	3 052.4	46.8
农大 108（对照）	1 359.3	179.8		1 496.2		2 079.7	

资料来源：山东农业大学玉米科技创新中心。

不同饲料原料中碳水化合物含量

项目	常规原料 /%		非常规原料 /%			
原料	玉米	小麦	小麦麸	玉米胚芽粕	大豆皮	米糠
淀粉	63	60	0	14	3.6	27
日粮纤维	14	10	43	54	90	28

资料来源：智种网 NOVOSEED。

中华人民共和国国家标准 GB/T 25882—2010

青贮玉米品质分级及指标

等级	中性洗涤纤维 /%	酸性洗涤纤维 /%	淀粉 /%	粗蛋白 /%
一	≤ 45	≤ 23	≥ 25	≥ 7
二	≤ 50	≤ 26	≥ 20	≥ 7
三	≤ 55	≤ 29	≥ 15	≥ 7

注：粗蛋白、淀粉、中性洗涤纤维和酸性洗涤纤维为干物质中的含量。

中华人民共和国农业行业标准 NY/T 523—2020

笋玉米质量指标

项目	指标 / 毫米		
	小	中	大
笋长	50~70	71~90	91~110
笋径	10~13	14~17	18~21

注：笋长指玉米笋的长度；笋径指玉米笋纵轴方向的最大直径。

中华人民共和国国家标准 GB/T 8885—2017

食用玉米淀粉理化指标

项目		指标		
		优级品	一级品	二级品
水分 /%	≤		14.0	
酸度（干基）/° T	≤	1.50	1.80	2.00
灰分（干基）/%	≤	0.10	0.15	0.18
蛋白质（干基）/%	≤	0.35	0.40	0.45
脂肪（干基）/%	≤	0.10	0.15	0.20
斑点 /（个 / 厘米²）	≤	0.4	0.7	1.0
细度 [150 微米（100 目）筛通过率（质量分数）]/%	≥	99.5	99.0	98.5
白度（457 纳米蓝光反射率）/%	≥	88.0	87.0	85.0

机械化种肥同播

耕层对应作业机械

土壤耕层剖面

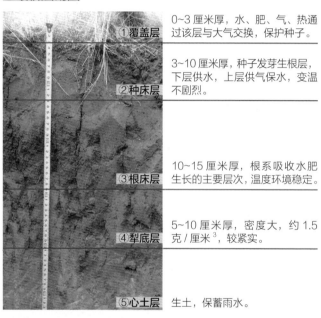

① 覆盖层　0~3 厘米厚，水、肥、气、热通过该层与大气交换，保护种子。

② 种床层　3~10 厘米厚，种子发芽生根层，下层供水，上层供气保水，变温不剧烈。

③ 根床层　10~15 厘米厚，根系吸收水肥生长的主要层次，温度环境稳定。

④ 犁底层　5~10 厘米厚，密度大，约 1.5 克/厘米^3，较紧实。

⑤ 心土层　生土，保蓄雨水。

深松

深翻

秸秆覆盖

免耕

浅旋

浅旋是旋耕作业的一种形式，特指对免耕播种地表浅层进行旋耕处理的作业，通常处理的深度为 8~10 厘米。浅旋作业能够松土平地、除草，并将秸秆部分粉碎混入土中，有利于为播种创造良好的种床。

深翻整地是指通过拖拉机牵引深翻机具（深度为 20~30 厘米），疏松土壤，打破犁底层，改善耕层结构，增强土壤蓄水保墒和抗旱排涝能力的一项耕作技术。

玉米免耕种植技术的核心是在未耕土地上一次性完成多道作业工序，具有简化、节本、环境友好等优点，是与现代农机技术、简化栽培技术及生态需求相适应的先进农作方式。

不同播种机械

简易播种机：包括单功能的机械匀播和条播机，以及简单功能组合的旋耕播种机和施肥播种机。

复式播种机：一次性完成土壤播前耕作、施肥、播种、开沟、镇压等其中 3 种及以上作业的多功能播种机。

精确定量播种机：分为大型和轻简化两类，可精确控制播种量，播种质量高。

玉米的播种技术　玉米的播种方式

不同播种方式

等行距

大小行

条播

穴播

盘育乳苗

盘育乳苗移栽

玉米免耕机播的优势

"二省"

省工，每亩可省工2~3个；
省时，农田作业时间缩短2/3左右。

"三增"

土壤有机质含量年均增加0.04个百分点；
持水能力增加15%以上；
粮食产量增加5%~15%。

"四节"

节水10%以上；
节肥20%；
节约能源30%左右；
节省机械作业支出40元/亩，减少机械进地次数，农民增收节支100元/亩左右。

春玉米播种时期示意图

地区	3月			4月			5月		
	上旬	中旬	下旬	上旬	中旬	下旬	上旬	中旬	下旬
北方春播玉米区									
西北灌溉春玉米区									
西南山地春玉米区									
南方丘陵春玉米区									

夏玉米播种时期示意图

地区	5月			6月			7月		
	上旬	中旬	下旬	上旬	中旬	下旬	上旬	中旬	下旬
黄淮海夏播玉米区									
南方丘陵夏玉米区									

注 色带深色部分表示适播期，向前、向后的渐变色带分别表示早播、晚播。

5 玉米生产管理

5.2 品种选用

1. 粒用玉米品种选择

选用通过国家或省级审定的耐密型高产品种,耐肥水,密植不倒,果穗全、匀、饱;具有较大的密度范围和较强的抗倒伏能力。

高产优质 根据土壤、气候、生产水平及玉米品种特性等,因地制宜选择适合本区域种植的熟期适宜、高产稳产、广适多抗的品种。

适宜机收 选用中早熟、耐密抗倒、后期籽粒脱水快、适合机械化收获,特别是抗茎腐病、叶斑病和抗虫性强的优良机收品种。

质量合格 选择发芽率高、活力强、整齐一致、适宜单粒精量播种的高质量包衣种子,避免购买和使用散籽和套牌种子,保证单粒精播地块的田间出苗率和幼苗整齐度,节省间苗定苗的人工成本投入。

**国以农为本
农以种为先**

2. 青贮玉米品种选择

青贮玉米主要以鲜嫩茎叶作饲用,因而在栽培上应以追求全株的最大值为目标,在选用良种时要考虑植株高大,茎、叶、穗产量均高,生育期适中,且适应当地土壤及气候的优良品种。一般要求品种植株粗壮,生长旺盛;穗大粒多,整齐一致;抗逆性强,适应性广。

选择标准 整株青贮玉米产量高、成熟度适中、茎秆强度大且抗倒伏、抗病性优、茎叶消化率高。青贮饲料玉米品种要求达到"双30"标准,即干物质含量和淀粉含量均达到30%以上。

3. 鲜食玉米品种选择

甜(糯)性好、口味纯正、质地柔嫩、营养丰富、果穗一致、籽粒整齐、结实饱满、皮薄渣少、出籽率高。

**速冻及罐装
甜玉米粒加工** 选用加强甜玉米和普甜玉米品种,加工后粒色鲜黄,果皮柔软,甜中有黏。

鲜果穗消费
• 超甜玉米果穗甜脆可口,酷似水果。
• 糯玉米消费主流是白色,黑色、彩色玉米属于时尚食品,可适量种植。

粒深、轴细、出籽率高

合理的群体结构： 玉米个体与群体，地上部分与地下部分，营养器官与生殖器官，前期生长与后期生长，都能健全、协调地发展，从而经济有效地利用光能、地力，促使穗多、穗大、粒多、粒重，达到高产目的。

间苗、定苗

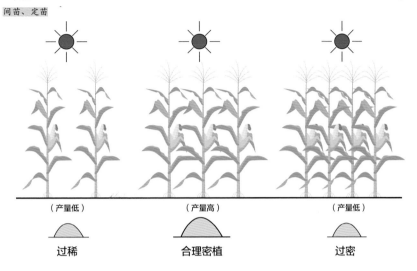

（产量低） 　　（产量高）　　 （产量低）

过稀　　　　合理密植　　　　过密

$$适宜密度_{[株/亩]} = \frac{最佳叶面积指数}{单株叶面积_{[米^2]}} \times 667_{[米^2]}$$

群体透光良好（8 000 株/亩）

密植密度

平展型中熟品种——3 500~4 000 株/亩
平展型早熟品种——4 000~4 500 株/亩
紧凑型中晚熟品种——4 000~5 000 株/亩
紧凑型中早熟品种——5 000~6 000 株/亩

我国不同时期玉米密度与产量

时期	种植材料	密度/（株/亩）	产量/（千克/亩）
20 世纪 50 年代	地方品种	<2 000	<100
20 世纪 60—70 年代	杂交种	2 000~2 500	100~200
20 世纪 80 年代	杂交种	2 500~3 000	200~300
20 世纪 90 年代	紧凑杂交种	3 500~4 000	350
21 世纪	耐密杂交种	5 000	800~1 000

合理密植的生育标准

1. 空秆率 < 3%
2. 不倒伏
3. 无大小苗
4. 经济产量系数 > 0.4

大小苗

倒伏

空秆

玉米合理密植原则

1. **按品种特性确定密度**
   株型紧凑和抗倒品种宜密，株型平展和抗倒性差的品种宜稀。
2. **根据土壤肥力和施肥水平确定密度**
   肥地宜密，瘦地宜稀。
3. **根据灌溉条件确定密度**
   有灌溉条件宜密，无灌溉条件宜稀。
4. **根据土壤特性确定密度**
   沙壤土宜密，黏土宜稀。

新疆奇台

高密度下高产群体（8 642 穗/亩，1 663 千克/亩，2020 年）

营 养 生 长

肥料分类	定义
复混（合）肥	至少有两种标明养分含量的由化学方法和（或）掺混方法制成的肥料
有机肥料	粪尿肥类、堆沤肥、秸秆类肥、绿肥类、土杂肥类、饼肥类等
有机－无机复混肥	含有一定有机肥料的复混肥料
微生物肥料	是以微生物的生命活动导致作物得到特定肥料效应的一种制品
叶面肥	通过作物叶片被吸收，为作物提供营养物质的肥料
缓（控）释肥料	养分按设定释放率和释放期缓慢或控制释放的肥料

营 养 生 长 & 生 殖 生 长

玉米施肥参数	亩产目标 /（千克 / 亩）		施肥总量 /（千克 / 亩）		
			氮（N）	磷（P_2O_5）	钾（K_2O）
	农户	500~700	15~20	4~6	7~9
	高产高效	700~900	18~22	6~10	9~15
	超高产	900~1 100	22~27	10~14	15~21

施用方法： 缓（控）释肥一次性基施；或基施复合肥，在拔节期—大喇叭口期追施尿素。

苗期追肥

种肥同播： 玉米基肥 [缓（控）释肥或复合肥] 一般情况下与播种同步进行。

聚合物包膜控释肥的释放机理

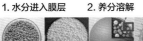

H_2O K N P K N P

1. 水分进入膜层　　2. 养分溶解　　3. 养分溶液释放

玉米养分吸收规律曲线

肥

追施苗肥
（壮秆促拔节）

养分临界期
（缺肥影响穗分化）

大喇叭口期前后追施穗肥，要求肥水齐攻，促穗大和粒多。

---

0 播种期

00 干种子（播种）；
01 种子开始吸水膨胀；
03 湿种子膨胀结束；
05 胚根伸出种子；
07 胚芽鞘伸出种子；
09 芽鞘顶土、叶片叶尖可见。

拌　00　05

钙　07

09

1 幼苗期

10【出苗期】第 1 叶抽出芽鞘 2 厘米；
11【1 叶期】第 1 叶抽出；
12【2 叶期】第 2 叶抽出；
13【3 叶期（离乳期）】
第 3 叶抽出；
……

10　11

13　15/23

2 壮苗期

21 第 1 叶平展；　化除　追
22 第 2 叶平展；
23 第 3 叶平展，见展叶差 2~3；
……
如果拔节开始，则按 31 计。

缩　矮　斑
氮　蚜

21　17/32

斑　虫　茎腐

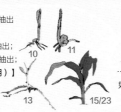

3 拔节期

31 植株基部第 1 节间伸长 2 厘米，6~8 叶展开，见展叶差 3~4，雄穗生长锥开始伸长；
32【小喇叭口期】50% 植株基部第 2 节间伸长 2 厘米，7~9 叶展开，见展叶差 4~5，雌穗生长锥开始伸长，雄穗小花开始分化；
……

32　34

营养生长&生殖生长

生 殖 生 长

雄穗

雌穗

- 提高肥料利用率
- 减少资源浪费
- 减轻环境污染
- 节约劳动力及成本
- 改善农产品品质

国家粮食安全

↓

发展缓（控）释肥

↑

农业可持续发展

→ 化肥工业的一次技术革命

→ 现代农业的发展方向之一

喷 孕穗至灌浆期，可结合防病治虫适当喷施叶面肥、生长调节剂等，每亩次用磷酸二氢钾 150 克和 0.01% 芸苔素内酯 10 毫升，或"兴欣富利素"100 克或"玉米健壮素"3 毫升 / 支，兑水 20~30 千克喷施，间隔期 7~10 天。

养分最大效率期

一般抽雄后追施粒肥，要求肥水齐攻，促粒多和粒重。

| 4 孕穗期 | 5 抽雄期 | 6 开花吐丝期 | 7 籽粒形成期 | 8 籽粒灌浆充实期 | 9 成熟期 |

41【大喇叭口期】
10% 植株三叶 **追**
（果叶及其上、下叶）
抽出，11~13 叶展开，
见展叶差 5~6，雌穗小花
开始分化；**虫**
45 50% 植株棒三叶抽出。

51 10% 植株顶部
雄穗露出叶鞘；**虫**
53【抽雄】50% 植株雄穗
主轴从顶叶露出 3~5 厘米；
55 50% 植株雄穗抽出一半，
中部开始散粉；**喷**
59 雄穗全部抽出并散开。

61 雄穗中部小穗散粉，
雌穗花丝露出苞叶；**虫**
63 雄穗中部小穗开花，
雌穗花丝伸出苞叶 2 厘米；
65 雄穗上、下部小穗开花，雌穗花丝全部抽出；
67 雄穗小穗全部开花，雌穗花丝变干；
69 丝丝变焦。

71 籽粒呈水泡状；
75 籽粒呈圆形胶囊状，内含物（即胚乳）呈清浆状；
79 籽粒体积和鲜重达到最终一半，内含物呈乳状。

83 籽粒内含物呈稠糊状；
85 几乎所有籽粒达到最大体积；
87 籽粒内含物呈软面团状，用指甲压后变形（鲜食玉米最佳收获期）；
89 籽粒内含物渐变为软蜡状，指甲可划破表皮。

92【蜡熟末期】籽粒脱水变硬，由软蜡状变为硬蜡状；
93【完熟期（最佳收获期）】灌浆结束，籽粒干硬、基部呈黑色；
97【枯熟期】籽粒很硬，全田植株几乎全部枯死；
99 后熟处理，储藏及种子处理（回到 00）。

41   53   63 69   79   89

5.5 水分管理 (以夏玉米为例)

苗期灌溉

| 0 播种期 | 1 幼苗期 | 2 壮苗期 | 3 拔节期 | 4 孕穗期 |

播种至拔节占总需水量的 15%~25%

拔节至抽雄占总需水量的 30%~40%

旱区浇足蒙头水

遇旱灌拔节水

旱区大喇叭口期灌水

抽雄吐丝期喷灌

80%~70%　　　70%~60%　　　　80%~70%

营 养 生 长

营 养 生 长 & 生 殖 生 长

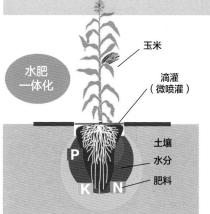

水肥一体化

玉米
滴灌（微喷灌）
土壤
水分
肥料
P
K　N

智能水肥一体机　肥料桶

智能配肥站

简易配肥站

5 抽雄期 ➤ **6 开花吐丝期** ➤ **7 籽粒形成期** ➤ **8 籽粒灌浆充实期** ➤ **9 成熟期**

抽雄至籽粒形成期占总需水量的 15%~25%

籽粒形成至成熟期占总需水量的 20%~30%

玉米需水特点： 苗期怕涝渍，中后期怕干旱。

微喷带滴灌节水

雨区及时排水防涝降渍

玉米需水量可分为 6 个主要时期

1. 播种到拔节期，叶面蒸腾量少，耗水量不大。

2. 拔节期到抽雄期，耗水量增大。

3. 抽雄到开花吐丝期，为需水临界期，水分不足将导致玉米显著减产。

4. 吐丝到灌浆前期，此时期耗水量较大，是籽粒形成关键时期。

5. 灌浆到乳熟末期，耗水量开始减少。

6. 乳熟末到完熟期，植株衰老进程加快，水分消耗较少。

80%~70%	70%~60%	适宜的土壤相对含水量

营 养 生 长 & 生 殖 生 长

生 殖 生 长

抽雄到灌浆期干旱易造成穗小、稀粒、秃顶甚至空秆，导致严重减产

生育后期多雨气候导致籽粒黄曲霉素含量增多，降低品质

地下害虫识别

蝼蛄　　蛴螬　　地老虎　　金针虫　　药剂拌种后的玉米种

拌 地下害虫：用吡虫啉、氯氰菊酯、辛硫磷等拌种或包衣预防控制。
土传病害：可用福美双、精甲霜灵等预防控制。

主要杂草识别

大叶苋菜　　马齿苋　　稗草

狗尾草　　马唐　　车前草

封　化除 **苗前化学除草：**播种后出苗前土壤较湿润、墒情适宜时，趁墒对玉米田进行"封闭"除草。使用除草剂时，应不重喷、不漏喷，以使土壤表面湿润，利于药膜形成，达到封闭地面的作用为原则。作业时尽量避免在中午高温（≥32℃）前后喷洒除草剂，以免出现药害和人畜中毒，同时要防止在大风天喷洒，避免因除草剂漂移危害其他作物。间套作玉米地，需选择对两种作物都安全的除草剂。

土壤墒情好的地块可选择苗前封闭除草，3~5叶期是喷洒苗后除草剂的关键时期。

草地贪夜蛾

◎草地贪夜蛾 又名秋黏虫，寄主广泛，多食性。1~3龄幼虫多取食叶片背面使其形成半透明薄膜；4~6龄幼虫取食叶片后使其形成不规则孔洞，甚至造成生长点死亡；高龄幼虫还会蛀食玉米雄穗和果穗。

贪夜 **草地贪夜蛾防治** ①种子处理，用氯虫苯甲胺、溴氰虫酰胺包衣或拌种。②理化诱控，用高空诱虫灯、性诱捕器等诱杀成虫。③生物防治，用球孢白僵菌、绿僵菌、甘蓝夜蛾核型多角体病毒等防治。④科学用药，乙基多杀菌素、氯虫苯甲酰胺、茚虫威、甲维盐等轮换用药防治。

雌虫 Female　雄虫 Male

草地贪夜蛾幼虫　　草地贪夜蛾成虫

二点委夜蛾

◎二点委夜蛾 幼虫主要从玉米幼苗茎基部钻蛀到茎心向上取食，钻蛀较深切断生长点时，心叶失水萎蔫，形成枯心苗；严重时直接蛀断，使整株死亡；或取食玉米根系，造成玉米苗倾斜或侧倒。

委夜 **二点委夜蛾防治** ①物理诱杀，用高空诱虫灯、性诱剂等。②化学防治，用40%溴酰·噻虫嗪处理悬浮剂包衣，或0.7%噻虫·氯氟氰颗粒剂撒施，或200克/升氯虫苯甲酰胺悬浮剂喷雾。

二点委夜蛾成虫　　二点委夜蛾危害形成枯心苗

黏虫

◎黏虫 又称粘虫、剃枝虫、行军虫，俗称五彩虫、麦蛾，暴发时可把作物叶片食光，我国从北到南一年可发生2~8代。危害夏玉米时，咬食幼苗，造成缺苗断垄，甚至毁种。

黏 **黏虫防治** ①对成虫用草把、糖醋液、性诱剂、杀虫灯等诱杀。②对幼虫可用S-氰戊菊酯、氯虫苯甲酰胺、高效氯氟氰菊酯、溴氰菊酯、灭幼脲等喷雾。

黏虫危害状　　黏虫危害造成缺苗断垄　　黏虫成虫

---

0 播种期　**1 幼苗期**　**2 壮苗期**　**3 拔节期**

00 干种子（播种）；**基 拌**
01 种子开始吸水膨胀；
03 湿种子膨胀结束；**封** 00 05
05 胚根伸出种子；
07 胚芽鞘伸出种子；
09 芽鞘顶土、叶片叶尖可见。 07 09

10【出苗期】第1叶抽出芽鞘2厘米；
11【1叶期】第1叶抽出；
12【2叶期】第2叶抽出；
13【3叶期（离乳期）】第3叶抽出；
…… 13　15/23

21 第1叶平展 **化除 追**
22 第2叶平展
23 第3叶平展，见展叶差2~3；
……
如果拔节开始 **缩 矮 斑** 则按31计。 **虱 蚜** 21　17/32

31 植株基部第1节间伸长2厘米，6~8叶展开，见展叶差3~4，雄穗生长锥开始伸长；
32【小喇叭口期】50%植株基部第2节间伸长2厘米，7~9叶展开，见展叶差4~5，雌穗生长锥开始伸长，雄穗小花开始分化；
斑 虫 茎腐 32　34

蚜虫

◎蚜虫 又名腻虫、蜜虫，是地球上最具破坏性的害虫之一。

蚜虫危害状

蚜 蚜虫防治 ①及时清除田间杂草，消灭蚜虫滋生地。②拌种，每100千克干种子用5%氟虫腈悬浮种衣剂2 500~3 000毫升加清水稀释后进行机械或人工拌种，或用30%噻虫嗪种子处理悬浮剂，或用吡虫啉种子处理可分散粉剂或悬浮种衣剂进行拌种，对苗期蚜虫、蓟马、灰飞虱等刺吸式口器害虫防治效果较好。③喷雾防治，亩用25克/升溴氰菊酯乳油10~20毫升，或22%噻虫·高氯氟微囊悬浮剂10~15毫升喷雾。

褐足角胸叶甲

◎褐足角胸叶甲 成虫可将作物叶片咬成孔洞或网眼状，严重时可吃光叶片残留叶脉，影响作物产量。

甲 褐足角胸叶甲防治 当田间成虫数量较大时，应及时喷施杀虫剂，如2.5%功夫菊酯乳油2 000倍液，或1.8%阿维菌素乳油2 000倍液，或4.5%高效氯氰菊酯乳油1 500倍液喷雾。

褐足角胸叶甲危害状

玉米螟

农用杀虫灯绿色防控　　毒土丢心防治玉米螟

◎玉米螟 又名玉米钻心虫。北方春播玉米区1年1~2代，黄淮海夏玉米区3代。以老熟幼虫在玉米茎秆、穗轴越冬，幼虫取食叶片、果穗、雄穗，钻蛀茎秆；大发生年份产量损失达25%以上。

螟 玉米螟防治 ①农业防治，用秸秆粉碎还田等方法处理玉米秸秆，消灭越冬虫源。②化学防治，在玉米小喇叭口至抽雄前以颗粒剂丢心防治效果最佳，可用3%辛硫磷颗粒剂或16 000IU/毫克苏云金杆菌50~100克加细沙灌心，或0.4%氯虫苯甲酰胺颗粒剂丢心或拌细沙后撒施，也可用10%氯虫苯甲酰胺悬浮剂20~30毫升兑水喷雾。

红蜘蛛

◎红蜘蛛 又名棉红蜘蛛，俗称大蜘蛛、大龙、砂龙等，学名叶螨，寄生广泛。

蛛 红蜘蛛防治 ①亩用20%唑螨酯悬浮剂7~10毫升等兑水喷雾。②高温干旱时，可采取浇水措施，控制虫情发展。

红蜘蛛危害状

玉米螟危害症状

主要药害识别

酰胺类　　苯甲酸类　　三氮苯类（苗期）　　二硝基苯胺

苯氧羧酸　　磺酰脲类　　三氮苯类（苗后）　　杂环化合物

一般情况下，盲目增加药量、多年使用单一药剂、几种除草剂自行混配使用、施药时土壤湿度过大、遭遇低温等情况易出现药害。

"预防为主，综合防治"。以种植抗性品种、农业防治、物理防治、生物防治为主，化学防治为辅，建议使用生物农药和性诱剂。

---

4 孕穗期　→　5 抽雄期　→　6 开花吐丝期　→　7 籽粒形成期　→　8 籽粒灌浆充实期　→　9 成熟期

41【大喇叭口期】 10%植株棒三叶追（果穗叶及其上、下叶）抽出，11~13叶展开，见展叶差5~6，雌穗小花开始分化。**虫**

45 50%植株棒三叶抽出。

51 10%植株顶部雄穗露出叶鞘。**虫**

53【抽雄】 50%植株雄穗主轴从顶端露出3~5厘米；

55 50%植株雄穗抽出一半，中部开始散粉；**喷**

59 雄穗全部抽出并散开。

61 雄穗中部小穗散粉，雌穗花丝露出苞叶；**虫**

63 雄穗中部小穗开花，雌穗花丝伸出苞叶2厘米；

65 雄穗上、下部小穗开花，雌穗花丝全部抽出；

67 雄穗小穗全部开花，雌穗花丝变干；

69 花丝变焦。**穗** **喷** **瘤**

71 籽粒呈水泡状；

75 籽粒呈圆形胶囊状，内含物（即胚乳）呈清浆状；

79 籽粒体积和鲜重达到最终一半，内含物呈乳状。

83 籽粒内含物呈稠糊状；

85 几乎所有籽粒达到最大体积；

87 籽粒内含物呈软面团状，用指甲压后变形（鲜食玉米最佳收获期）；

89 籽粒内含物渐变为软蜡状，指甲可划破表皮。

92【蜡熟末期】 籽粒脱水变硬，由软蜡状变为硬蜡状。

93【完熟期（最佳收获期）】 灌浆结束，籽粒干硬、基部呈黑色；

97【枯熟期】 籽粒很硬，全田植株几乎全部枯死；

99 后熟处理，储藏及种子处理（回到00）。

根腐病

◎**根腐病** 由腐霉菌引起，主要表现为中胚轴和整个根系逐渐变褐、变软、腐烂，导致植株矮小、叶片发黄、幼苗死亡。

根腐 **根腐病防治** 以预防为主，播种前采用18%辛硫·福美双种子处理微囊悬浮剂包衣或26%噻虫·咯·霜灵悬浮种衣剂包衣。发病后加强栽培管理，喷施叶面肥；湿度大的地块中耕散湿，促进根系生长发育。

根腐病症状

拌种机

药剂拌种

玉米矮花叶病

◎**玉米矮花叶病** 也叫花叶条纹病，玉米整个生长期中均可受害。幼苗根茎腐烂而死苗，植株雄穗不发达，果穗变小，秃顶严重，有的还不结实。

矮 **蚜** **玉米矮花叶病防治** ①种植抗病品种。②控制蚜虫，减少毒源传播。③及时拔除病苗。

玉米矮花叶病症状

玉米粗缩病

◎**玉米粗缩病** 以带毒灰飞虱传播病毒，主要危害叶片、叶鞘、苞叶、根和茎部等，玉米整个生长期中均可受害，其中苗期感染概率最高。

玉米粗缩病症状

缩 **虱** **玉米粗缩病防治** 以预防为主，发病后无有效挽救措施。及时调整播期，使玉米苗期避开灰飞虱迁飞期。可用噻虫嗪、氟虫腈、吡蚜酮、吡虫啉等种子处理剂拌种或包衣。

大斑病、小斑病、灰斑病

大斑病症状

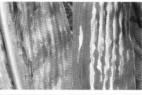

小斑病症状

◎**大斑病** 主要危害叶片，严重时也危害叶鞘和苞叶，一般先从底部叶片开始发生逐步向上扩展，叶片上产生椭圆形、黄色或青灰色点状斑，很快形成长梭形、中央灰褐色的病斑点，严重时能遍及全株。气温适宜，又遇连续阴雨天，病害发展迅速，易大流行。氮肥不足时发病较重。低洼地、密度过大、连作地易发病。

灰斑病症状

◎**灰斑病** 又称尾孢叶斑病、玉米霉斑病病斑沿叶脉方向扩展并受到叶脉限制，田间湿度高时，在病斑两面产生灰色霉层。发病严重时病斑连片导致叶片枯死。氮肥过多会促使灰斑病的发生。发病后，可扒底叶控制灰斑病向上发展。

◎**小斑病** 又称玉米斑点病，病斑主要发生在叶片上，有3种。①长形斑，受叶脉限制。②梭形斑，病斑不受叶脉限制，多为椭圆形。③点状斑，在玉米整个生育期内都可发生，以抽雄、灌浆期发病严重。

斑 **大斑病、小斑病、灰斑病防治** ①选用抗病良种，在发病初期及时摘除病叶并带出田外集中烧毁。②发病早期可采用75%肟菌·戊唑醇水分散粒剂，或41%甲硫·戊唑醇悬浮剂，或250毫升吡唑醚菌酯乳油，或43%唑醚·氟酰胺悬浮剂，或200亿芽孢/毫升枯草芽孢杆菌可分散油悬浮剂等喷雾。③病株秸秆要焚烧，不可喂猪、牛等牲畜，以免通过农家肥传播。

---

0 播种期

00 干种子（播种）；**基** **拌**
01 种子开始吸水膨胀；
03 湿种子膨胀结束；**封**
05 胚根伸出种子；
07 胚芽鞘伸出种子；
09 芽鞘顶土、叶片叶尖可见。

00 05 07 09

1 幼苗期

10【出苗期】第1叶抽出芽鞘2厘米；
11【1叶期】第1叶抽出；
12【2叶期】第2叶抽出；
13【3叶期】（离乳期）第3叶抽出；
……

10 11 13 15/23

2 壮苗期

21 第1叶平展；**化除** **追**
22 第2叶平展；
23 第3叶平展，见展叶差2~3；
……

如果拔节开始 **缩** **矮** **斑**
则按31计。 **虱** **蚜**

21 17/32

3 拔节期

31 植株基部第1节间伸长2厘米，6~8叶展开，见展叶差3~4，雄穗生长锥开始伸长；
32【小喇叭口期】50%植株基部第2节间伸长2厘米，7~9叶展开，见展叶差4~5，雌穗生长锥开始伸长，雄穗小花开始分化；
…… **斑** **虫** **茎腐**

32 34

茎腐病

◎茎腐病 一般在乳熟后期开始表现症状，茎基部发黄变褐，内部空松，根系水浸状或红褐色腐烂，果穗下垂。发病症状分为青枯和黄枯型：青枯型为整株叶片突然失水干枯，呈青灰色；黄枯型为病株叶片从下部开始逐渐变黄枯死。

茎腐病症状

茎腐 **茎腐病防治** 发病后无有效方法挽救，应防患于未然。①播种时用福美双·克百威悬浮种衣剂包衣，可降低部分发病率。②播种时，每亩用1.5~2.0千克硫酸锌作种肥，可有效预防茎腐病发生。③施穗肥时增施钾肥也可降低发病率，并增加植株的抗倒伏性。

丝黑穗病

◎丝黑穗病 发病有2种形态：①黑穗型，受害果穗较短，基部粗顶端尖，不吐花丝，除苞叶外整个果穗变成黑粉包，其内混有丝状寄主维管束组织。②畸形变态型，雄穗花器变形，不形成雄蕊，颖片多叶状；雌穗颖片也可过度生长成管状长刺，呈"刺猬头"状，长刺的基部略粗，顶端稍细，中央空松，长短不一，由穗基部向上丛生，整个果穗畸形。成株期只在果穗和雄穗上表现典型症状。

丝黑穗病症状

穗 **丝黑穗病防治** ①用戊唑醇种子处理悬浮剂或灭菌唑悬浮种衣剂或三唑酮可湿性粉剂或氟唑环菌胺悬浮种衣剂或精甲·咯·灭菌悬浮种衣剂拌种或包衣。②精细整地，适当浅播，足墒下种，促进快出苗、出壮苗，提高植株的抗病能力。③采用地膜覆盖提高地温，保持土壤水分，使玉米出苗和生育进程加快，从而减少发病机会。④及时清除病穗，减少菌源。

瘤黑粉病

瘤黑粉病症状

◎瘤黑粉病 在玉米植株的任何地上部位都可产生形状各异、大小不一的瘤状物，病瘤呈球形、棒形，大小及形状差异较大。主要着生在茎秆和雌穗上，叶、叶鞘、雄花等幼嫩组织均可被害，在整个生长期均可发生。

瘤 **瘤黑粉病防治** 及早将病瘤摘除，并带出田间销毁。病瘤成熟后不能随意割除，否则黑粉扩散，易传播病害。玉米瘤黑粉病防治以减少菌源、种植抗病品种为主，来年种植抗病品种，并加强栽培管理。

苗期病虫草害防治

中后期飞防

4 孕穗期	5 抽雄期	6 开花吐丝期	7 籽粒形成期	8 籽粒灌浆充实期	9 成熟期

41【大喇叭口期】
10%植株棒三叶 **遗**（果穗叶及其上、下叶）抽出，11~13叶展开，见展叶差5~6，雌穗小花开始分化；**虫** 41
45 50%植株棒三叶抽出。

51 10%植株顶部雄穗露出叶鞘；**虫**
53【抽雄】50%植株雄穗主轴从顶叶露出3~5厘米；
55 50%植株雄穗抽出一半，中部开始散开；**喷** 53
59雄穗全部抽出并散开。

61雄穗中部小穗散粉，雌穗花丝露出苞叶；**虫**
63雄穗中部小穗开花，雌穗花丝伸出苞叶2厘米；
65雄穗上、下部小穗开花，雌穗花丝全部抽出；63 69
67雄穗小穗全部开花，雌穗花丝变干；
69花丝变焦。**穗 喷 瘤**
79

71籽粒呈水泡状；
75籽粒呈圆形胶囊状，内含物（即胚乳）呈清浆状；
79籽粒体积和鲜重达到最终一半，内含物呈乳状。

83籽粒内含物呈稠糊状；
85几乎所有籽粒达到最大体积；
87籽粒内含物呈软面团状，用指甲压后变形（鲜食玉米最佳收获期）；
89籽粒内含物渐变为软蜡状，指甲可划破表皮。89

92【蜡熟末期】籽粒脱水变硬，由软蜡状变为硬蜡状；
93【完熟期（最佳收获期）】灌浆结束，籽粒干硬、基部呈黑色；
97【枯熟期】籽粒很硬，全田植株几乎全部枯死；
99后熟处理，储藏及种子处理（回到00）。

◎**苗期干旱** 播种至出苗阶段，若表层土壤水分亏缺，种子处于干土层，则不能发芽和出苗；出苗地块由于干旱，苗势弱、植株小、发育迟缓，群体生长不整齐。

防御措施：①加强农田基本水利建设。②增施有机肥、深松改土、培肥地力，提高土壤缓冲能力和抗旱能力，因地制宜采取蓄水保墒耕作技术，建立"土壤水库"。③选择耐旱品种。

幼苗期干旱

◎**苗期高温** 苗期遇高温，幼嫩叶片从叶尖开始出现干枯，导致半叶甚至全叶干枯死亡；高温使叶片叶绿体结构被破坏，光合作用减弱，呼吸作用增强，消耗增多，干物质积累下降；植株生长较弱，根系生理活性降低，易受病菌侵染发生苗期病害。

苗期遭遇高温

防御措施：①注意选育推广耐热品种。②调节播期，避开高温天气。③适当降低密度，宽窄行种植，培育健壮植株。④适期灌水，改变农田小气候，但要避免高温天气中午井水灌溉导致骤然降温损伤根系。

◎**苗期冰雹** 直接砸伤玉米幼苗，毁坏叶片，冻伤植株；土壤表层被雹砸实，地面板结；茎叶创伤后易感染病害。灾害发生时常伴有大风，造成低洼地幼苗倒伏或被泥浆掩盖而死亡。雹灾危害程度取决于雹块大小和持续时间。

防御措施：完善土炮、高炮、火箭等人工防雹设施，及时预防，消雹减灾。灾后尽快评估对玉米生长和产量的影响。

冰雹砸伤幼苗

◎**苗期涝渍** 玉米在萌芽和幼苗阶段特别怕涝，属涝渍敏感期。黄淮海夏播玉米区在播种至3叶期常发生芽涝，抑制根系生长和养分吸收，造成叶片萎蔫变黄、生长缓慢和干重降低，甚至幼苗大面积死亡。这种灾害在地势低洼、土壤紧实、降雨频繁地区易发生。

防御措施：①注意配套排灌沟渠。②选用耐涝品种。③调整播期，使最怕涝的敏感期尽量赶在雨季开始之前。④平整低茬地。⑤采用垄作等适宜的耕作方式。

连阴雨涝（渍）害

◎**风灾倒伏** 幼苗倒伏和折断；沙尘天气造成幼苗被沙土覆盖、叶片损伤。土壤紧实、湿度大及虫害等影响根系发育，造成根系小、根浅，容易发生根倒。苗期和拔节期遇风倒伏，植株一般能够恢复直立，不用人为管理。

防御措施：①选用抗倒伏品种；土壤深松破除板结。②风灾较重地区，注意适当降低种植密度，顺风方向种植玉米。③苗期倒伏常伴随降水多、涝害，受害后应及时排水。④加强管理，如培土、中耕破除板结，还可补施速效氮肥，提高植株生长能力。

风灾倒伏

◎**低温冷害** 南方地区延滞型、障碍型冷害发生频繁。冬玉米在1—2月遇低温或春玉米在春季4—5月遇倒春寒常会发生冷害危害。

防御措施：①做好品种区划，选用耐冷型品种。②种子处理，用浓度0.02%~0.05%的硫酸铜、氯化锌、钼酸铵等溶液浸种，可提高玉米种子在低温下的发芽力，减轻冷害。③地膜覆盖和育苗移栽种植。

苗期遭遇冷害

0 播种期 ▶ 1 幼苗期 ▶ 2 壮苗期 ▶ 3 拔节期

◎穗期干旱 穗期植株生长旺盛，此时受旱易使植株叶片卷曲并进一步由下而上干枯，植株矮化；吐丝期推后，易造成雌、雄花期不遇。抽雄前受旱，植株抽雄困难，影响授粉，幼穗受旱则易发育不好，果穗小，俗称"卡脖（子）旱"。

穗期干旱

防御措施： ①集中有限水源、实施有效灌溉。②加强田间管理喷叶面肥（如磷酸二氢钾800~1 000倍液）或抗旱剂（如旱地龙500~1 000倍液）降温增湿，增强植株抗旱性。③加强田间管理。有灌溉条件的田块，灌后采取浅中耕，减少蒸发。④干旱绝产地块及时青贮、割黄腾地，发展保护地栽培或种植蔬菜等短季作物。

◎穗期涝渍 抑制根系发育和有氧呼吸，引起根系中毒，使之发黑、腐烂；叶色褪绿，光合能力降低，同化产物向根系的分配减少；植株软弱，基部呈紫红色并出现枯黄叶，生长缓慢或停滞；雄穗分枝少，吐丝推迟，雌、雄穗花期不遇，授粉困难，穗粒数减少；严重的全株枯死。

防御措施： ①尽快组织人力物力排除积水。②清除已倒折玉米植株，中耕松土，破除板结。③及时追肥，增施尿素等速效氮肥改善植株营养，恢复和促进其生长。④加强对玉米螟、叶斑病、纹枯病和茎腐病等病害发生动态的监测与防治。

涝（渍）害

◎穗期高温热害 高温减弱光合作用，增加呼吸消耗，使干物质积累下降；加速生育进程，缩短生育期，穗分化时间缩短，雌穗小花分化数量减少，果穗变小。高温持续时间长，叶片将大量枯死。土壤水分不足或干热风，会加重热害。

穗期遭遇高温

防御措施： ①注意苗期蹲苗进行抗旱锻炼，提高其耐热性。②科学施肥，健壮个体发育，减轻高温热害。③适期喷、灌水，改变农田小气候。注意避免高温季节中午井水灌溉骤然降温导致根系受损。

◎风灾倒伏 玉米前期茎倒一般可自行恢复直立状态；玉米中后期根倒后，由于上部较重，植株很难自行直立，必须在暴雨、大风过后立即扶起。

暴风雨倒伏

防御措施： ①注意增施有机肥和磷肥、钾肥，忌偏肥，苗期和拔节期避免过多追施氮肥。②喷施玉米生长调节剂。③茎折玉米一般很难恢复生长，可任其自然生长，不提倡扶直，以免造成二次损伤。茎倒一般无须采取补救措施，可自行恢复直立。抽雄吐丝后根倒玉米要随倒随扶，3日内扶起，同时，培土6~8厘米，并用脚踏实，也可将3~5株玉米扶直后，在结穗部位用细线绳捆扎秸秆，但不要捆扎叶片，以免影响光合作用。④风灾常伴随雨涝，受灾后应及时排水，破除板结，适时增施速效氮肥，加速生长。⑤防控玉米螟、小斑病、褐斑病、锈病及茎腐病。

遭遇梅雨季节

◎梅雨 气象学上定义的梅雨是春夏之交长江中下游地区因受副热带高压外围影响形成的天气现象，它的形成是副热带高压边缘暖湿气流与冷空气不断交汇的结果，阴雨连绵，不见晴天，因此空气非常潮湿，感觉闷热。每年梅雨季节的起始时间在各地区并不一致，持续时间长短也不一样，而且年际之间也存在较大变化。无论梅雨出现的时间和长短如何变化，梅雨季节都有着一些共同的气候特点：①阴雨连绵，难见天晴。②空气湿度大、流动慢，空气湿度一般在75%~90%，风很小，衣物很难自然晾干。③气温较高，闷热难耐，温度一般在20~30 ℃，有时高达32 ℃以上。由于空气湿度大，出汗难干，让人感觉十分难受。

梅雨季节是江淮地区春玉米的粒期，夏玉米的苗期。受连续阴雨影响，春玉米光合作用受限，根系早衰加速，影响花后物质积累和产量形成；夏玉米易发生芽涝，根系发育不良，光合作用和干物质积累较弱。因此，梅雨对玉米生长发育利小于弊，要做好玉米田间管理工作，力争安全度过梅雨季节。

防御措施： ①提前做好控旺工作，避免玉米生长过旺。②提前做好玉米生壮工作，多施钾肥，促进玉米茎秆粗壮。③在中耕除草的时候，加固玉米根部，防止玉米倒伏。④控制草荒，避免杂草快速疯长。⑤要加强田间排水滤水，防止洪涝灾害的发生。

4 孕穗期　　5 抽雄期　　6 开花吐丝期　　7 籽粒形成期　　8 籽粒灌浆充实期　　9 成熟期

玉米全程机械化生产作业

截至 2019 年，全国玉米耕、种、收及综合机械化率分别达到 97.83%、90.73%、80.85%、90.31%。玉米生产全程机械化生产技术加快应用、机具持续增加、机械化进程平稳推进，全程机械化成效开始显现。

前茬机收及秸秆还田

精细整地

机械化精量播种

免耕机械直播

苗期化除　　　机械一体化植保、施肥

玉米免耕机播可一次性完成开沟、深施肥、播种、覆土等作业工序，具有以下优势：一是可一次性完成多道作业工序，降低了农业生产成本。二是在不破坏土壤耕层结构的情况下，减少了耕层土壤水分的蒸发，蓄水保墒能力强。三是原来土体结构未被破坏，玉米根系与土壤固结能力强，根系发达，抗倒性好。四是秸秆还田增加土壤有机质含量，提高土壤肥力，改善土壤结构。五是规范玉米种植行距利于玉米机械收获。

0 播种期　　1 幼苗期　　2 壮苗期　　3 拔节期

00 干种子（播种）；　基　拌
01 种子开始吸水膨胀；
03 湿种子膨胀结束；　耕
05 胚根伸出种子；
07 胚芽鞘伸出种子；
09 芽鞘顶土、叶片叶尖可见。

10【出苗期】第 1 叶抽出芽鞘 2 厘米；
11【1 叶期】第 1 叶抽出；
12【2 叶期】第 2 叶抽出；
13【3 叶期（离乳期）】第 3 叶抽出；
……

21 第 1 叶平展；　化除　追
22 第 2 叶平展；
23 第 3 叶平展，见展叶差 2~3；
……
如果拔节开始　缩　矮　斑　则按 31 计。　虱　蚜

31 植株基部第 1 节间伸长 2 厘米，6~8 叶展开，见展叶差 3~4，雄穗生长锥开始伸长；
32【小喇叭口期】50% 植株基部第 2 节间伸长 2 厘米，7~9 叶展开，见展叶差 4~5，雌穗生长锥开始伸长，雄穗小花开始分化；
……　斑　虫　茎腐

无人机叶面肥喷施

无人机植保

鲜食玉米机收果穗 + 秸秆粉碎还田

青贮玉米机收

饲用玉米机收果穗 + 秸秆粉碎还田

玉米机械打捆

饲用玉米机收籽粒 + 秸秆粉碎还田

鲜食玉米秸秆还田　　机收玉米　　履带式自走小型玉米收获机

机械仓储烘干

机收玉米籽粒　　籽粒机收 + 秸秆全量粉碎还田

| 4 孕穗期 | 5 抽雄期 | 6 开花吐丝期 | 7 籽粒形成期 | 8 籽粒灌浆充实期 | 9 成熟期 |

4 孕穗期

41【大喇叭口期】10% 植株棒三叶 追 （果穗叶及其上、下叶）抽出，11~13 叶展开，见展叶差 5~6，雌穗小花开始分化；虫

45 50% 植株棒三叶抽出。

5 抽雄期

51 10% 植株顶部雄穗露出叶鞘；虫

53【抽雄】50% 植株雄穗主轴从顶叶露出 3~5 厘米；

55 50% 植株雄穗抽出一半，中部开始散开；喷

59 雄穗全部抽出并散开。

6 开花吐丝期

61 雄穗中部小穗散粉，雌穗花丝露出苞叶；

63 雄穗中部小穗开花，雌穗花丝伸出苞叶 2 厘米；

65 雄穗上、下部小穗开花，雌穗花丝全部抽出；

67 雄穗小穗全部开花，雌穗花丝变干；

69 花丝变焦。穗 喷 瘤

7 籽粒形成期

71 籽粒呈水泡状；

75 籽粒呈圆形胶质状，内含物（即胚乳）呈清浆状；

79 籽粒体积和鲜重达到最终一半，内含物呈乳状。

8 籽粒灌浆充实期

83 籽粒内含物呈稠期状；

85 几乎所有籽粒达到最大体积；

87 籽粒内含物呈软面团状，用指甲压后变形（鲜食玉米最佳收获期）；

89 籽粒内含物渐变为软蜡状，指甲可划破表皮。

9 成熟期

92【蜡熟末期】籽粒脱水变硬，由软蜡状变为硬蜡状；

93【完熟期（最佳收获期）】灌浆结束，籽粒干硬、基部呈黑色；

97【枯熟期】籽粒很硬，全田植株几乎全部枯死；

99 后熟处理，储藏及种子处理（回到 00）。

6 玉米轮作与间套复种

6.1 年度内轮作换茬模式

玉麦周年轮作

| 小麦机械化收获 | 麦茬玉米苗期长势 | 麦茬玉米高产长势 |

玉米和其他经济作物年度内轮作

鲜食蚕豆—鲜食玉米—鲜食大豆

青贮玉米—鲜食玉米—冬季蔬菜

鲜食玉米—草莓

6.2 年度间轮作换茬模式

小麦→玉米→小麦→大豆（花生、甘薯等）

6.3 玉米间套复种模式

| 蚕豆/玉米 | 玉米/大豆 |

| 豌豆/玉米 | 玉米+花生 |

玉麦间套复种 基本模式含 2 个相同单元，畦宽 340 厘米，机播 6 行小麦，幅宽 100 厘米；留春玉米空幅 60 厘米，育苗套栽 2 行，行株距 35 厘米 ×25 厘米，每亩 3 500 株；收麦后"丁"字形点播两行夏玉米，行株距 50 厘米 ×20 厘米，距春玉米 40 厘米，每亩 3 500 株，均可采收青玉米（指鲜食玉米）或收干籽粒，不影响秋播种麦。可延伸类型有：小麦 / 春玉米 /（夏玉米 // 花菜）、（小麦 // 榨菜）/ 夏玉米（青）/ 秋玉米（青）、小麦（或 // 冬绿肥或冬菜）/ 春玉米—后季稻（两旱一水）、（小麦 // 绿肥）/ 春玉米 / 夏大豆 + 大白菜、（小麦 // 冬绿肥或冬菜）/ 春玉米 / 甘薯等。

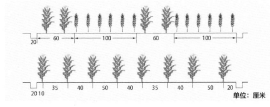

"小麦 / 春玉米 / 夏玉米"种植示意图

单位：厘米

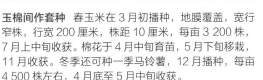

玉棉间作套种 春玉米在 3 月初播种，地膜覆盖，宽行窄株，行宽 200 厘米，株距 10 厘米，每亩 3 200 株，7 月上中旬收获。棉花于 4 月中旬育苗，5 月下旬移栽，11 月收获。冬季还可种一季马铃薯，12 月播种，每亩 4 500 株左右，4 月底至 5 月中旬收获。

玉菜（瓜）间套复种 蔬菜、瓜类品种多，适宜范围广，且易于设施栽培，可利用四季时空交错种植，模式丰富多彩，具有较高的经济附加值。

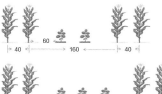

B1：宽行行距 160 厘米
玉米株距 16.6 厘米
大豆株距 6.6 厘米

B2：宽行行距 200 厘米
玉米株距 13.8 厘米
大豆株距 8.3 厘米

B3：宽行行距 240 厘米
玉米株距 11.9 厘米
大豆株距 9.5 厘米

B4：玉米单作
行距 70 厘米
株距 23.8 厘米

单位：厘米

"夏玉米 / 大豆"种植示意图

 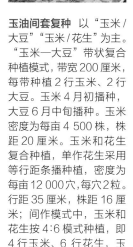

玉油间套复种 以"玉米 / 大豆""玉米 / 花生"为主。"玉米—大豆"带状复合种植模式，带宽 200 厘米，每带种植 2 行玉米、2 行大豆。玉米 4 月初播种，大豆 6 月中旬播种。玉米密度为每亩 4 500 株，株距 20 厘米。玉米和花生复合种植，单作花生采用等行距条播种植，密度为每亩 12 000 穴，每穴 2 粒。行距 35 厘米，株距 16 厘米；间作模式中，玉米和花生按 4:6 模式种植，即 4 行玉米、6 行花生，玉米与花生间距为 50 厘米，带宽为 455 厘米。

单位：厘米

"夏玉米 / 花生"种植示意图

符号说明： // 或 + 表示间作，/ 表示套作，× 表示混作，—表示年度内的轮作换茬（连作），→表示年度间同季节作物的轮换，也可表示不同复种方式的轮换。

7.1 玉米仓储

自然晾晒

委托粮食烘干服务中心烘干

若含水率高，则需进烘干塔

扬净·清理过筛

若杂质率高，需进行车间过筛

商品玉米进仓入库

储备库·立筒仓

7.2 玉米物流·主要环节

中国玉米物流主要环节

短途运输

加工入库

品质检测

储备立筒仓

装船长途水运

卸船转运

美国玉米物流主要环节

农场收获装车处理

装箱集中运输

品质快速检测设备

玉米海外运输加工

装船

出口

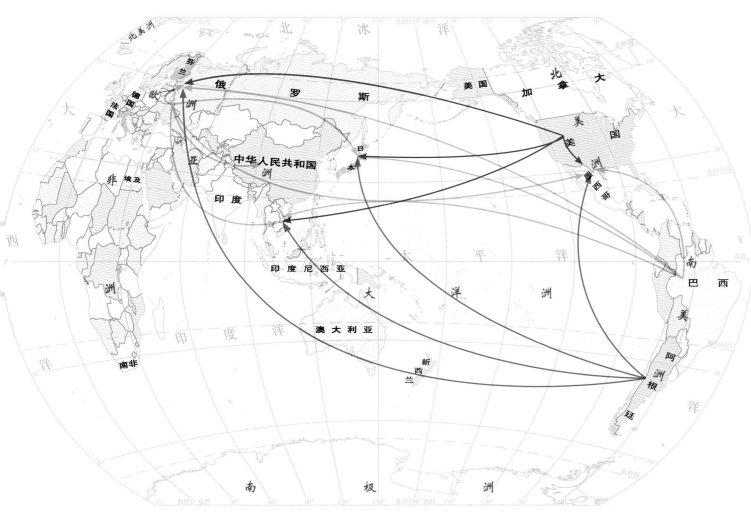

2017—2020 年国际玉米物流示意图

全球玉米出口量高度集中。出口量排名前四的国家是**美国**、**巴西**、**阿根廷**和**乌克兰**，2019 和 2020 年度四国出口量之和占全球玉米出口总量的88%。

玉米进口集中度远低于出口。欧盟、墨西哥、日本和埃及一直是玉米最主要的进口地，2019—2020 年度四国（地区）进口量分别为2 100万吨、1 800万吨、1 600万吨和1 000万吨，占全球玉米进口总量的37%。

北方春播玉米
主产区、主销区

黄淮海夏播玉米
主产区、主销区

长江流域主销区

西南山地玉米
主产区、主销区

华南主销区

乌鲁木齐⊙

新疆维吾尔自治区

内蒙古自治区

黑龙江省
哈尔滨⊙

吉林省
长春⊙

辽宁省
沈阳⊙

甘肃省

呼和浩特⊙

北京★
河北省
石家庄⊙

山西省
太原⊙

山东省
济南⊙

江苏省

青海省
西宁⊙

银川⊙
宁夏回族自治区

兰州⊙

陕西省
西安⊙

河南省
郑州⊙

安徽省
合肥⊙

南京⊙

上海市

西藏自治区
拉萨⊙

四川省
成都⊙

重庆市

湖北省
武汉⊙

浙江省
杭州⊙

东海

贵州省
贵阳⊙

湖南省
长沙⊙

江西省
南昌⊙

福建省
福州⊙

钓鱼岛 赤尾屿

云南省
昆明⊙

广西壮族自治区

广东省
广州⊙

台湾省
台北⊙

兰屿

南宁⊙

香港
澳门

东沙群岛

海南省
海口⊙
海南岛

南海诸岛

南宁⊙ 广州⊙ 广东省 福建省 台湾岛
香港 澳门 台湾省
海口⊙ 东沙群岛
海南省 西沙群岛 永兴岛 中沙群岛
南 黄岩岛
海
诸 群
岛 岛

曾母暗沙

南海诸岛
1:44 000 000

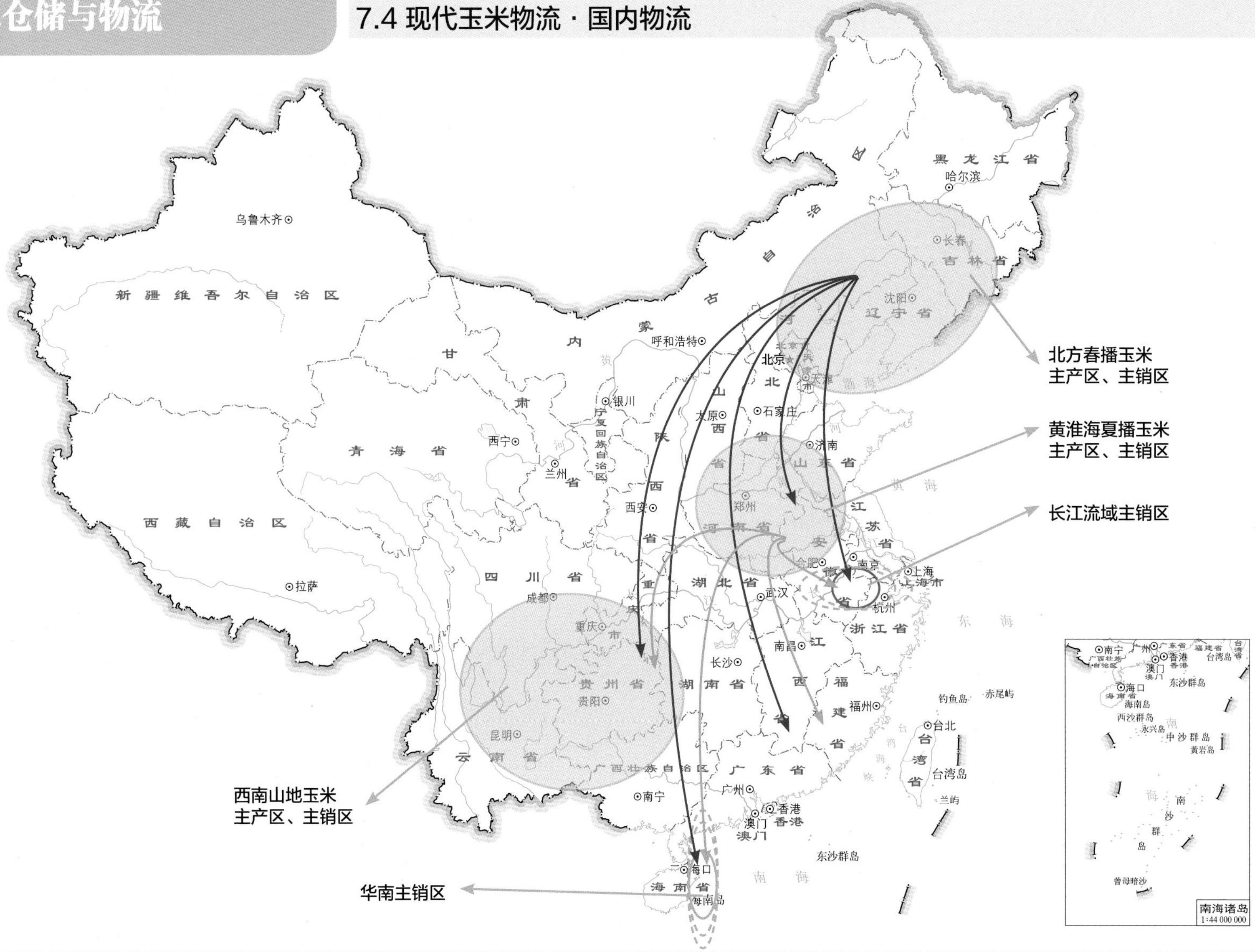

2017—2020 年中国玉米主产区和主销区示意图

田间现收现售

传统贸易（现货交易）

期货交易（大连商品交易所）

竞价交易（中国玉米市场网）

我国玉米消费可分为饲用、工业、食用、出口及其他（种子、损耗）几个领域，2000—2020年，除出口量表现为大幅下滑外，饲用、工业、食用及其他（食用、种子、损耗）领域均出现不同程度增长，其中饲料及工业消费的大幅增长成为我国玉米消费的主要增长点。饲用消费的大幅增长主要由居民对肉蛋奶需求增加，带动养殖业大力发展，同时养殖户厨余养殖占比逐渐减少所致。工业消费大幅增长一方面是下游需求尤其淀粉糖需求迎来大发展，另一方面是燃料乙醇推广增加酒精加工需求。据布瑞克咨询评估显示，饲用近20年年均消费量为1.33亿吨，近5年年均消费量为1.85亿吨；工业近20年年均消费量为4 500万吨，近5年年均消费量7 400万吨。从消费结构的演变来看，2000—2019年，饲用消费占比呈现小幅下滑，工业消费占比明显提升，食用及其他消费占比相对稳定，出口消费占比大幅下滑。近5年饲用消费占比为63%~69%、工业消费占比为20%~30%，食用及其他消费占比为6%~7%，出口占比可以忽略不计。

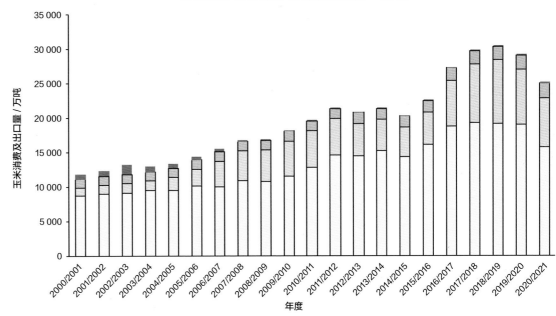

中国玉米消费变化情况（资料来源：布瑞克农业大数据）

鲜食玉米

玉米粉性平、味甘淡,绝大部分人可食用,有益肺宁心,健脾开胃,防癌,降胆固醇,健脑的功效。

- 玉米粉中含钙、铁元素较多,可预防高血压、冠心病。
- 玉米粉中含有亚油酸和维生素 E,能使人体内胆固醇水平降低,从而减少动脉硬化的发生。
- 粗磨的玉米粉中含有大量赖氨酸,可抑制肿瘤生长。
- 玉米粉还含有微量元素硒,能加速人体内氧化物分解,抑制恶性肿瘤的产生。
- 玉米粉中有丰富的谷胱甘肽,可延缓衰老、增强免疫力。
- 玉米粉中丰富的膳食纤维,能促进肠蠕动,缩短食物通过消化道的时间,减少有毒物质的吸收和致癌物质对结肠的刺激,因而可减少结肠癌的发生。

玉米粉

　　鲜食玉米是像水果蔬菜一样收获和食用鲜嫩果穗的玉米,包括甜玉米、糯玉米、甜加糯玉米和笋玉米等。鲜食玉米是菜果兼用的品类,有甜、糯、嫩、香的特点。乳熟期收获的鲜食玉米的葡萄糖、蔗糖、果糖含量比普通玉米多 2~8 倍,蛋白质的含量达到 13%以上。其籽粒中富含维生素 B_1、维生素 B_2、维生素 B_5、维生素 B_6、维生素 C、维生素 E、胡萝卜素和 18 种氨基酸等营养元素。德国营养保健协会的研究发现,玉米是所有主食中营养价值和保健作用最高的。玉米含有 6 种"抗衰剂",即钙、谷胱甘肽、维生素、镁、硒和脂肪酸。鲜食玉米所含丰富的钙可以达到降血压的功效;所含胡萝卜素被人体吸收后转化为维生素 A,具有防癌作用;天然维生素 E 有促进人体细胞分裂、延缓衰老、降低血清胆固醇、防止皮肤病变、减轻动脉硬化和脑功能衰退的功能;含有的黄体素具有延缓眼睛老化的功能。

笋玉米

食用玉米淀粉

　　玉米淀粉是由玉米籽粒经过浸泡、破碎、过筛、沉淀、干燥、磨细等工序制成的,是食品、医药等领域的重要原料。

食用玉米淀粉

爆裂玉米

　　爆裂玉米起源于美洲,由硬粒型玉米变异而来。其果穗远小于普通玉米,籽粒小,胚乳全部为角质,有黄、白、紫、红、黑等颜色。爆裂玉米与其他玉米的最大区别在于其在常压下加热即可爆成玉米花。

玉米油

　　玉米油中的不饱和脂肪酸含量高达 80%~85%。玉米油本身不含有胆固醇,且它对于血液中积累的胆固醇有溶解作用,能减缓血管硬化,对老年疾病如动脉硬化、糖尿病等具有积极的防治作用。由于玉米油中含有天然复合维生素 E,对心脏疾病、血栓性静脉炎、生殖机能类障碍、肌萎缩症、营养性脑软化症均有明显的疗效和预防作用。

玉米油及其他类型油脂肪酸含量比较

脂肪酸类型	玉米油	猪油	豆油	芝麻油	花生油	棕榈油
饱和脂肪酸 /%	14	42	15	16	21	35
单元不饱和脂肪酸 /%	29	48	24	54	49	15
多元不饱和脂肪酸 /%	57	10	61	30	30	50

饲料之王

玉米有"饲料之王"的美称，是各种家畜、家禽的优质精饲料和良好的青饲、青贮饲草。每 100 千克玉米籽粒能使仔猪体重增长 20~25 千克，每生产 1 千克猪肉需要 5.6 千克玉米籽粒，生产 1 千克牛肉需 10 千克玉米籽粒。玉米还含有丰富的营养物质，如每 100 千克玉米籽粒中含有可消化蛋白质为 7.2 千克，含有 273.4 个饲料单位，较大麦、燕麦、谷子更高，并含有多种维生素。玉米的消化率高，就青贮玉米中营养物质的消化率而言，粗蛋白质为 50%，粗脂肪为 79%，粗纤维为 62%，无氮浸出物为 73%。

工业原料

酒精行业：我国发酵酒精的主要生产原料是玉米、薯类、糖蜜、小麦及纤维素。到 2018 年，全国酒精总产能约 1 600 万吨，其中玉米酒精约 930 万吨，占总产能约 58.2%。

燃料乙醇：2017 年 9 月国家发展改革委、国家能源局、财政部等十五部委联合印发《关于扩大生物燃料乙醇生产和推广使用车用乙醇汽油的实施方案》，2020 年开始，车用乙醇汽油在全国范围推广使用。

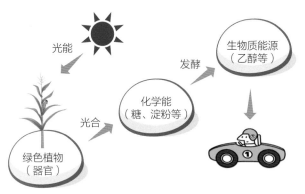

医用功效

玉米变性淀粉：利用物理、化学或酶法处理，在玉米淀粉分子上引入新的官能团或改变淀粉分子大小和淀粉颗粒性质，从而改变淀粉的天然特性，使其更符合一定应用的要求。现代医药工业用玉米淀粉作为培养基原料可生产青霉素、链霉素、金霉素、红霉素、氯霉素等。玉米淀粉还可制造葡萄糖、降压剂、麻醉剂、消毒剂和利尿剂等。

★ 增塑剂　● 增稠剂　▲ 相转变调节剂

选用高直链淀粉，引入疏水基团，解决淀粉基材料强亲水性和高脆性两个基本问题

调控以淀粉为主体的植物胶体系流变性性质、相转变行为为

胶囊材料基本工艺参数的优化

淀粉基植物胶囊中试产品的各项技术指标

	明胶胶囊	淀粉胶囊
胶液黏度 /CP	<1 500	20~30
成型温度 /℃	650	5
烘干温度 /℃	<500	38
烘干时间 /分钟	<3	80
崩解时间 /分钟	<10	7~8
含水量 /%	13~18	10~15
原料成本估算 /（分/粒）	0.7	0.4

澳大利亚莫纳什大学研究发现，高直链玉米淀粉被肠道微生物分解后产生的代谢物可抑制 I 型糖尿病的发生：研究人员在小鼠的饮食中添加了 15% 的高直链玉米淀粉 HAMSA 和 HAMSB，5 周后，与普通饮食小鼠相比，实验组小鼠血液、排泄物中乙酸盐（具有帮助维护肠道屏障的功能）和丁酸盐（具有抗炎作用）的含量显著提高。而且无论是单独添加 HAMSA 或 HAMSB，还是两者共同添加，都能降低小鼠糖尿病发病率。其中，同时添加了 HAMSA 和 HAMSB 的实验组几乎没有出现发病小鼠。研究人员对到了 30 周龄还没有出现症状的小鼠进行了检查，发现它们胰岛内有大量健康的、没有被免疫系统攻击的 β 细胞。这项结果发表在 *Nature Immunology*（《自然－免疫学》）杂志上。

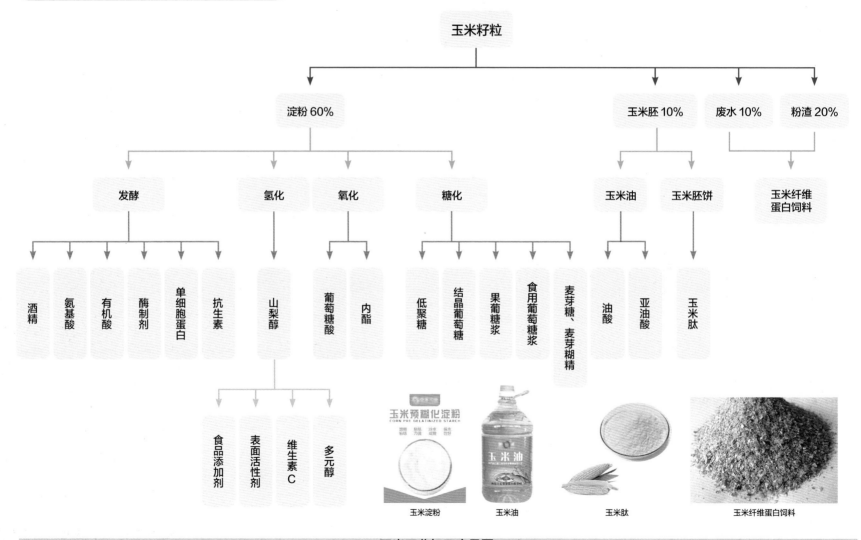

玉米籽粒

淀粉 60%　　玉米胚 10%　废水 10%　粉渣 20%

发酵　氢化　氧化　糖化　玉米油　玉米胚饼　玉米纤维蛋白饲料

酒精　氨基酸　有机酸　酶制剂　单细胞蛋白　抗生素　山梨醇　葡萄糖酸　内酯　低聚糖　结晶葡萄糖　果葡糖浆　食用葡萄糖浆　麦芽糖、麦芽糊精　油酸　亚油酸　玉米肽

食品添加剂　表面活性剂　维生素 C　多元醇

玉米淀粉　　玉米油　　玉米肽　　玉米纤维蛋白饲料

玉米工业加工产品图

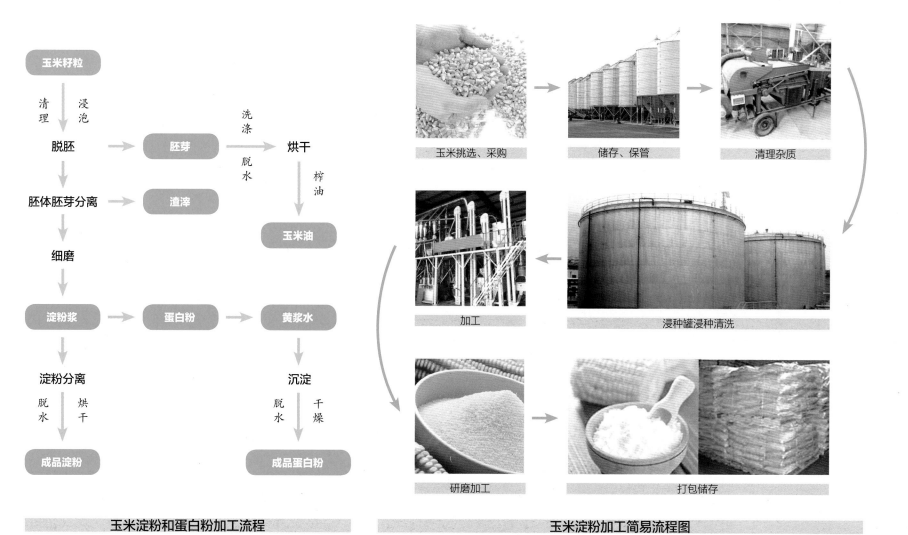

玉米籽粒

清理　浸泡

脱胚　→　胚芽　→　洗涤　脱水　→　烘干

胚体胚芽分离　→　渣滓

　　　　　　　　　　　　　　　　榨油

细磨　　　　　　　　　　　　　玉米油

淀粉浆　→　蛋白粉　→　黄浆水

淀粉分离　　　　　　　　沉淀

脱水　烘干　　　　　　脱水　干燥

成品淀粉　　　　　　　成品蛋白粉

玉米淀粉和蛋白粉加工流程

玉米挑选、采购　　　储存、保管　　　清理杂质

加工　　　　　　　浸种罐浸种清洗

研磨加工　　　　　　打包储存

玉米淀粉加工简易流程图

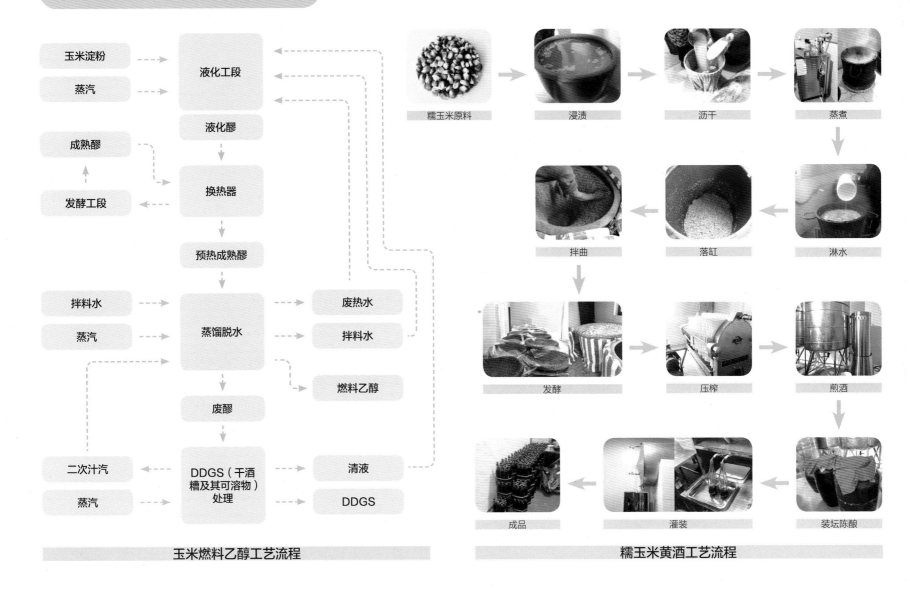

玉米淀粉 ┄→ 液化工段

蒸汽 ┄→

液化醪

成熟醪 ┄→ 换热器

发酵工段 ←┄

预热成熟醪

拌料水 ┄→ 蒸馏脱水 ┄→ 废热水

蒸汽 ┄→ 拌料水

┄→ 燃料乙醇

废醪

二次汁汽 ←┄ DDGS（干酒糟及其可溶物）处理 ┄→ 清液

蒸汽 ┄→ ┄→ DDGS

玉米燃料乙醇工艺流程

糯玉米原料 → 浸渍 → 沥干 → 蒸煮

拌曲 ← 落缸 ← 淋水

发酵 → 压榨 → 煎酒

成品 ← 灌装 ← 装坛陈酿

糯玉米黄酒工艺流程

生产环境要求：
无粉尘、无污染、完全封闭、机械自动化。

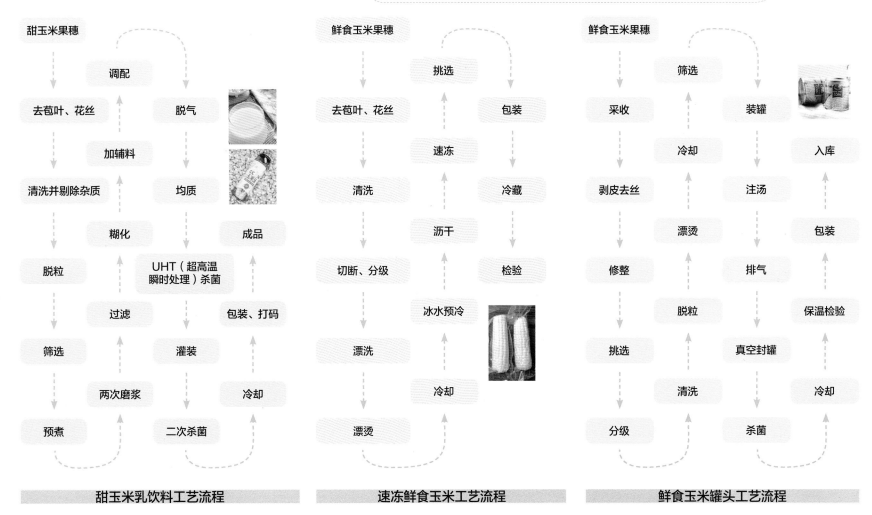

甜玉米乳饮料工艺流程

甜玉米果穗 → 去苞叶、花丝 → 清洗并剔除杂质 → 脱粒 → 筛选 → 预煮 → 两次磨浆 → 过滤 → 糊化 → 加辅料 → 调配 → 脱气 → 均质 → UHT（超高温瞬时处理）杀菌 → 成品 → 包装、打码 → 灌装 → 二次杀菌 → 冷却

速冻鲜食玉米工艺流程

鲜食玉米果穗 → 去苞叶、花丝 → 清洗 → 切断、分级 → 漂洗 → 漂烫 → 冷却 → 冰水预冷 → 沥干 → 速冻 → 挑选 → 包装 → 冷藏 → 检验

鲜食玉米罐头工艺流程

鲜食玉米果穗 → 采收 → 剥皮去丝 → 修整 → 脱粒 → 挑选 → 分级 → 清洗 → 杀菌 → 真空封罐 → 脱粒 → 排气 → 注汤 → 装罐 → 筛选 → 冷却 → 保温检验 → 包装 → 入库 → 冷却

玉米烙制作

1. 洗净、放盘

2. 高温软化

3. 蛋黄、面粉、玉米搅拌

4. 烤盘刷油

5. 烘焙

6. 淋炼乳，品鉴

糕点制作

1. 牛奶加入酵母静置化开

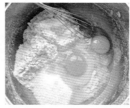
2. 打入鸡蛋

3. 倒入温水酵母搅拌（保持40℃）

4. 静置发酵1小时

5. 撒上食材蒸半小时

6. 出锅，品鉴

甜品制作

1. 面粉中加入适量玉米面，和成团

2. 擀面

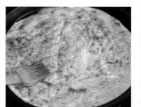
3. 抹上比萨酱

4. 撒上紫薯粒

5. 撒上奶酪丝

6. 出锅，品鉴

面包制作

1. 揉面

2. 分面

3. 装馅

4. 裹粉

5. 烘焙

6. 出锅，品鉴

馒头制作

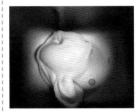

1. 揉面

2. 面团静置

3. 分团

4. 揉圆

5. 蒸制

6. 出锅，品鉴

爆米花制作

1. 备好玉米

2. 锅中加糖和黄油

3. 倒入玉米，开火加热

4. 加盖焖

5. 翻炒均匀

6. 出锅，品鉴

雄穗

果穗
花丝

叶 { 叶片
叶鞘

茎
（茎秆）

节点
节间
气生根

节根

玉米穗轴（芯）

玉米穗轴是玉米棒脱粒后的副产品，由于含有丰富的纤维素、半纤维素、木质素等，已被用于造纸、生物制糖等行业。玉米穗轴亦可用于动物垫料、包装材料、兽药载体等。

玉米穗轴宠物垫料

玉米花丝（须）

玉米花丝是指玉米的花柱和柱头，随果实一起收获，其中含有粗纤维、粗蛋白、多糖和粗脂肪，可作药用。玉米花丝的水提物可以减少体内草酸钙结晶的体积；玉米花丝中黄酮提取物具有抗痛风和调节血糖的作用。

玉米花丝茶饮

玉米苞叶

玉米苞叶是指玉米果实外具有保护作用的变态叶，随果实一起收获。玉米苞叶在编织业被广泛应用。主要产品有提篮、地毯、床垫、坐垫、门帘及其他装饰品。

玉米苞叶工艺品

玉米秸秆

玉米秸秆指玉米的茎和叶，是果实收获后的重要副产品。玉米秸秆可作有机肥料，改善土壤结构，提升土壤肥力；也可作为家畜饲料，并过腹还田；还可粉碎后作为基质培养食用菌。

玉米秸秆做饲料

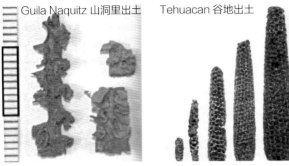

Guila Naquitz 山洞里出土　　Tehuacan 谷地出土

墨西哥出土的玉米芯

墨西哥传说中的玉米神

大刍草果穗（左）与玉米果穗（右）

9.2 饮食文化

水煮玉米

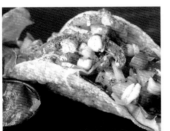

墨西哥玉米饼

玉米排骨汤

玉米面窝窝头

磨玉米糊

爆米花

玉米片

玉米烙

玉米棍

清炒玉米笋

9.3 传统工艺品

9.4 玉米造型建筑

编织摆件

编织拖鞋

编织人偶

美国芝加哥"玉米大楼"

德国奥格斯堡"玉米大楼"

编织座椅

编织簸箕

编织草席

编织杯垫

编织箩筐

编织挎包

中国郑州"玉米大楼"

扬起金色希望

撒落一地金黄

丰收笑意盎然

秋嬉

收获

"玉米伞"

"玉米帘"

墨西哥民俗博物馆

墨西哥玉米舞蹈

意大利米兰世博会玉米地

美国 Mitchell 玉米宫殿

玉米迷宫

中国（陕西）玉米梯田

玉米文化季

农民丰收节

玉米景观

9.7 玉米农谚

【春玉米难得晚，夏玉米难得早】

【玉米喜欢肥沃地，高粱丰收在涝洼】

【勤俭棒子懒惰谷】

【三叶间，五叶定，八叶控，十叶以后一直攻】

【垄儿窄，棵儿远，一场大风当柴拣】

【要得玉米(苞谷)结，不要叶搭(打、挤)叶】

【若要玉米好，先要肥料饱】

【头遍追肥一尺高，二遍追肥正齐腰，三遍追肥出毛毛】

【玉米施穗肥，穗大籽粒肥】

【玉米(棒子)见了铁(锄)，一夜长一节】

【玉米去了头，力气大如牛】

【玉米是个水布袋(水桶田)】

【玉米掐(搁)脖旱，产量减一半】

【玉米怕涝怕旱又怕虫，三怕不防难收成】

【立秋处暑八月到，玉米掰开肚皮笑】

【秋天高来秋天长，收了苞谷收高粱】

【耕地耕得深，一个苞谷长一斤】

【一年耕一次，连续套三作】

9.8 玉米诗词

漯河往鲁山车中四首 (其三)
[明]卢青山

玉米秋成晒满场，长杨丛立守其旁。
老翁更持老烟杆，斜阳影里袅微香。

【释义】秋天收获的玉米晒满了场，高高的杨树守在旁边。老翁持着老烟杆，在斜阳的影子里有微微香味。

东北玉米
[现代]七星叟

目及之处泛黄黄，绿叶葱葱已谷粮。
收储烘干付期货，培虾育蟹肉牛羊。

【释义】放眼望去，一片金黄，玉米的叶子绿油油的，已经成熟了。把玉米都收下来，烘干，定期卖出去。卖出去的钱可以置换些肉，卖不出去的还可以做牲口的粮食。

顶山公社率学生参加秋收秋种
[现代]单人耘

顶山十月秋如锦，晓露初晞风乍凉。
陌上人喧苞谷熟，村边烟散柿林黄。
支农更觉晴为贵，革命原知老不妨。
一听钟声能踊跃，锄田未逊少年郎。

【释义】十月的秋天，顶山公社如画一样美丽，早晨的露水随风有一股清凉。地里玉米成熟了人声嘈杂，村子周边烟气袅袅，柿子林黄了。支农才知道晴天多么美好，参加革命才知道年纪大了也没事，听见钟声就能一跃而起，干起农活丝毫不比年轻人差。

9.8 玉米诗词

　　稻米是我国的主要粮食作物，其米粒晶莹剔透，如"玉"如"珠"，在一些文人墨客的眼中就演化成了"玉米"，导致在一些诗词中被误译成现代我们常说的玉米。事实上，玉米传播到我国的时间大约是明代中后期，19世纪中期，玉米种植遍及我国大江南北，清朝晚期至民国时期，玉米发展成为我国仅次于水稻和小麦的第三大粮食作物。由于我国区域广泛，形成了多种多样的俗名，如玉蜀黍、大蜀黍、棒子、苞米、苞谷、玉茭、玉麦、六谷、芦黍和珍珠米等。

感怀二首
[宋]杨公远

桂薪玉米转煎熬，口体区区不胜劳。
今日难谋明日计，老年徒羡少年豪。
皮肤剥落诗方熟，鬓发沧浪画愈高。
自雇一寒成感慨，有谁能肯解绨袍。

【误解】刚摘下来的玉米，熬成粥，非常好喝。但是今天能够维持生计，明天就不一定了，人老了就越发怀念少年时的壮志豪情。玉米的皮剥完了，这首诗也就完成了，而我的头发一天比一天白。每天过得饥寒交迫，百感交集，谁能够帮助我，为我慷慨解囊！

【正解】此处的"米"指大米，"桂薪玉米"是指米像玉石，柴像桂木，形容物价昂贵，生活困难。事实上，通篇也反映了作者的饥寒交迫，百感交集。

赋得摇落深知宋玉悲 （其五）
[清]屈大均

秭归乡里满梧楸，宋玉悲深此地秋。
枻影依依渔父在，砧声隐隐女媭留。
泪成玉米田何处，身别龙门夏已丘。
临水登山归莫送，汨罗南望断离愁。

【误解】秭归乡间种满了梧桐和楸树，才刚刚入秋就已经开始凋零了，这种场景让宋玉感到十分悲凉。江上撑舟的人影好像当初的渔父，隐隐约约的伐木声就好像女媭（传说中屈原的姐姐）依旧还在。站在田边，眼泪如玉米落下，离开龙门的时候夏天就已经差不多过去了。已经到水边，准备登山了，你们就不要再送了，就让这汨罗江斩断这离愁吧。

【正解】此处的米应该是大米，"玉"用来形容米的晶莹剔透，此处的"玉米"形容泪水，就像今天所说的眼泪像断了线的珍珠一样。

夏五杂书
[元]谢应芳

远客相过说帝都，黄金如玉米如珠。
内园人歌催花鼓，市肆尘生卖酒垆。
河北功臣称李郭，江南租税赖苏湖。
明朝漕运开洋去，几日风帆到直沽。

【误解】有远方来的客人说曾经去过帝都，黄金做成的珠子像玉米一样多。华丽的园子里，在此休息的人们催促着要听花鼓，街道上有许多家酒馆。李氏和郭氏当属河北的功臣，而江南的税收全靠苏州和湖州。明天漕运开了要走海路，只要几天时间就可以到直沽（位于现在天津）。

【正解】此处的黄金如玉米如珠是两个词，应该是"黄金如玉"和"米如珠"，即米像珍珠型。

【 玉米神话传说 】

墨西哥民间有许多关于玉米的神话和传说。古代印第安人信奉的诸神中，也有好几位玉米神，例如辛特奥特尔玉米神、科麦科阿特尔玉米穗女神等。玛雅神话中，人的身体就是造物主用玉米做成的。玉米神是掌管玉米等五谷和森林的神祇，同时他还是玉米神族中的众神之王。玉米神形象清秀，他往往被塑造成一个面带微笑慈眉善目的男子，许多出土的玛雅文物中都可以看到关于玉米神的造型雕塑，通常以玉米为头饰，手持玉米代表着丰饶与丰收。"秘鲁"这个词在印第安语中就是"玉米之仓"的意思。

【 玉米战略价值 】

许多印第安部落之间发生战争或远征时，会把焙干的玉米粉或炒熟的玉米籽粒装在皮囊中，作为主要给养。玉米收成的丰歉，常常是决定战争胜负的一个重要因素。

玉米是我国种植面积最大、产量最多的第一大粮食作物，在国民经济中地位重要。玉米种植面积扩大使其临储量逐渐升高，2015 年底达 2 亿吨左右，但由于进口玉米价格低，企业大量进口，2015 年进口量达 500 万吨，加大了国内库存压力。2016 年农业部开始指导调减非优势玉米带种植面积，实行粮改饲。但 2017 年以来国家玉米需求激增，玉米库存减少，2020 年我国玉米进口量达 1 130 万吨，为历史最高。为保障供给，国家开始扩大玉米种植面积，以缓解库存少、需求大的严峻形势。

玉米作为生物质能源原料，可生产乙醇。美国、巴西玉米用于加工乙醇的比例占总产的 40% 左右。玉米对于替代能源，降低对石油等不可再生能源的依赖具有非常重要的战略价值。

【 玉米文化价值 】

在乡土文化中，"玉米人"已成为对中美洲印第安土著人的一个代称。危地马拉诺贝尔文学奖获得者阿斯图里亚斯的长篇小说《玉米人》，描述了现代社会玛雅人的遭遇。玉米文化是墨西哥文化的重要组成部分，2003 年 3 月，墨西哥城人民文化博物馆举行了"没有玉米，就没有我们国家"的主题展览会，主题词写道："玉米是墨西哥文化的根基，是墨西哥的象征，是我们无穷无尽的灵感的源泉。我们创造了玉米，玉米又造就了我们。我们永远在相互的哺育中生活，我们就是玉米人。"

玉米神像

玉米饰品

墨西哥"没有玉米就没有国家"运动海报

10 玉米展望

10.1 玉米育种

玉米在我国的发展历史约有500年，它不仅是我国第一大粮食作物，也是重要的饲料和工业原料。玉米的产量和品质与品种有着重要关系，玉米育种在全世界的育种行业中都占有极重要的分量。

玉米育种是从无意识选择发展到有意识选择的，一开始农民只是自然选择穗大粒多的果穗留种，经过长期的选择，使玉米品种得到了改良；后来人们为了不同的用途，有意识地根据玉米籽粒大小、颜色等性状对玉米有了功能性的划分和选育。

玉米传入我国以后很长的一段时间里，我国的玉米品种主要依靠自然或人工选择获得。直到20世纪20—30年代以后我国才正式开始利用杂种优势进行系统的玉米育种工作。我国的玉米育种主要分为3个阶段。一是依赖表型观察的传统经验育种，这个阶段的育种具有极大的偶然性，农民根据经验选择良种，尚未实现定向培育。二是筛选高配合亲本的杂种优势育种，这也是目前仍常用的育种方式，育种家有意识地选择具有优良性状的亲本，并通过多次选择，使不同的优良性状集中到新品种中。三是利用分子生物技术的现代生物工程育种，利用基因工程等高新科技，可以加快优良性状集中到新品种中的速度，实现高效育种。

科技的发展为育种工作带来了便利，但是不论科技如何发展，玉米育种的目标总体上还是高产稳产、抗病抗逆和品质提升这3个方面。同一些发达国家相比，我国的玉米种业仍存在许多需要改善的地方：一是科技创新组织模式尚不完善，玉米育种创新的工作主要由科研院校承担，企业大部分只负责种子的经营销售和推广，种子品种创新后继力量不足；二是种质资源基础研究不足，我国并非玉米的原产国，野外几乎没有玉米的野生近缘亲属，对于玉米演化规律的解析、具有重大应用价值的自主基因挖掘和利用不够；三是缺乏突破性品种，难以满足玉米高质量发展需求，虽然我国玉米单产水平在稳步提高，但是和发达国家相比仍具有一定差距，同时还缺乏优质的营养型品种和专特用型品种。

未来我国玉米育种：一是应着重构建有中国特色的玉米种业创新体系，强化科研院所与企业之间的合作，打造稳定的产业链；二是应强化种质资源的挖掘与创新，丰富玉米种质资源的遗传多样性；三是加快培育具有应用前景的新品种。

> 从被动到主动，从无序到有序，从宏观到微观，从单纯地看重产量到追求其功能性，玉米育种工作随着科学技术的进步而不断发展。

不同品种的玉米种子

不同品种的玉米果穗

10.2 玉米栽培

21 世纪以来，玉米栽培研究进入黄金发展期，在栽培理论、关键技术创新与应用方面取得一系列重要突破，在保障国家粮食安全中发挥了重要的作用。围绕未来玉米生产对科技的需求，依据现代科技的发展趋势，高产、优质、高效、生态、安全仍将是未来玉米栽培研究的主要目标，今后 20 年重点研究的方向与任务：一是继续探索不同生态区玉米产量潜力及突破技术途径，努力提高单产水平；二是转变生产方式，围绕籽粒生产效率，以提高资源利用效率和劳动生产效率为目标，降低生产成本，提高商品质量，增强玉米市场竞争力；三是适度发展青贮玉米和鲜食玉米等，促进玉米生产向多元化方向发展；四是应对全球气候变化，开展抗逆、减灾、稳产理论和技术研究，实施保护性耕作，实现玉米可持续生产；五是依托现代信息技术，开展智能化栽培技术研究，实现玉米精准生产与管理；六是强化栽培学科基础研究，玉米设计栽培，夯实玉米科技研究和生产发展基础。

10.3 产业发展

玉米产业对保障国家粮食安全和农产品有效供给具有重大意义。可以说，我国粮食的稳定发展离不开玉米的安全生产。

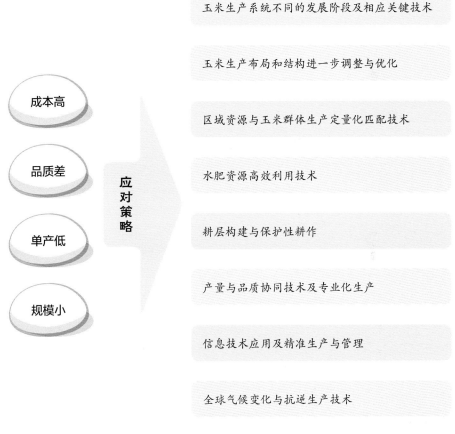

目前我国玉米产业急需解决的主要问题及应对思路

主要参考文献

Daniel D, Juan C G, Ignacio M, et al. Influence of starch composition and molecular weight on physicochemical properties of biodegradable films[J]. Polymers, 2019, 11(7): 1084.

Sergio O, Serna-Saldivar. Corn Chemistry and Technology [M]. Britain: Woodhead Publishing, 2019.

Shin D W, Baigorria G A, Lim Y K, et al. Assessing maize and peanut yield simulations with various seasonal climate data in the Southeast United States[J]. Journal of Applied Meteorology and Climatology, 2010, 49: 592–603.

Cairns J E, Sonder K, Zaidi P H, et al. Maize production in a changing climate: Impacts, adaptation, and mitigation strategies[J]. Advances in Agronomy, 2012, 114: 1–58.

陈国平，杨国航，赵明，等. 玉米小面积超高产创建及配套栽培技术研究 [J]. 玉米科学，2008, 16(4): 1-4.

陈亚东. 图说玉米生长异常及诊治 [M]. 北京：中国农业出版社，2016.

戴俊英，苏正淑，张毅. 灌浆期低温对玉米籽粒的伤害作用 [J]. 作物学报，1995, 21(1): 71-75.

戴其根，张洪程，陆卫平，等. 作物栽培学. 中国大学 MOOC, 2018. https://www.icourse163.org/learn/YZU-1001755365?tid=1206724207#/learn/announce.

郭井菲，静大鹏，太红坤，等. 草地贪夜蛾形态特征及与 3 种玉米田为害特征和形态相近鳞翅目昆虫的比较 [J]. 植物保护，2019, 45 (2): 7-12.

李少昆，石洁，崔彦宏等. 黄淮海夏玉米田间种植手册 [M]. 北京：中国农业科学出版社，2013.

李少昆，王崇姚. 玉米高产潜力途径 [M]. 北京：科学出版社，2010.

李少昆. 玉米抗逆减灾栽培 [M]. 北京：金盾出版社，2010.

李少昆，赵久然，董树亭，等. 中国玉米栽培研究进展与展望 [J]. 中国农业科学，2017, 50(11): 1941-1959.

卢月霞，朱美霞. 二十世纪中国农业科技史——玉米病害防治研究史略 [J]. 农业与技术，2001, 21(4): 13-16.

宋志伟，王德利. 玉米科学施肥 [M]. 北京：机械工业出版社，2010.

佟屏亚. 中国玉米编年史 [J]. 玉米科学，2001, 9(1): 98-107.

唐祈林，荣廷昭. 玉米的起源与演化 [J]. 玉米科学，2007, 15(4): 1-5.

王龙俊，丁艳峰，郭文善，等. 农事实用旬历手册（第三版）[M]. 南京：江苏凤凰科学技术出版社，2017.

王龙俊，郭文善. 图说农谚 [M]. 南京：江苏凤凰科学技术出版社，2016.

王龙俊，郭文善. 图说二十四节气 躬耕田园 [M]. 南京：江苏凤凰科学技术出版社，2020.

姚风梅，张佳华. 气候变化对中国粮食产量的影响和模拟 [M]. 北京：气象出版社，2008.

杨文钰，屠乃美. 作物栽培学各论. 南方本 [M]. 北京：中国农业出版社，2003.

主要编著者简介

陆大雷，男，汉族，1980 年 9 月出生，江苏沭阳人。2001 年本科毕业于扬州大学农学专业，2009 年博士毕业于扬州大学农产品安全与环境专业。现任扬州大学农学院副院长、教授、博硕士研究生导师，江苏省现代农业产业技术体系岗位专家、江苏省苏北发展特聘专家。长期从事玉米生理生态、高产高效、抗逆减灾等领域研究以及栽培技术集成示范和应用推广。主持或参加省部级以上项目 30 余项，获省部级以上科技奖励 5 项（次），育成新品种 1 个，起草江苏省地方标准 5 项，以第一（通讯）作者发表学术期刊论文 80 余篇，其中 SCI 收录论文 30 余篇。

王龙俊，男，汉族，1965 年 4 月出生，江苏泰兴人。1986 年毕业于南京农业大学农学系，长期从事作物栽培技术研究、推广与产业化开发。现任江苏省农业技术推广总站副站长，二级研究员，农业农村部防灾减灾专家指导组成员，江苏省粮食作物现代产业技术协同创新中心首席科学家，扬州大学、南京农业大学兼职教授。是江苏省青年科技奖获得者和"333 高层次人才培养工程"中青年学术技术带头人、中青年领军人才，享受国务院政府特殊津贴。致力于农业科技推广与农耕文化传播，主持或参加省部级以上课题 40 余项，获省部级以上科技奖励 30 多项（次），发表论文及专业文章 100 余篇，编著图书 70 多种（累计出版发行 140 多万册）。扫描右边二维码，可关注个人公众号：gonggengtianyuan[躬耕田园]。